Since 2013 헹발모

우리는 왜 걷는가

우리는 왜 걷는가

걷자생존
걷자행복

김재은 외 지음

흔들의자

행발모(행복한 발걸음 모임) 이야기 - 왜 걷는가

나는 왜 걷는가?

스스로 이런 愚問을 던진다.
우문에 답을 하자니 살짝 망설여지지만
현답이 아닌 우답을 한다.
'살아있으니까'

그렇다. 살아있으니 걷는 것이다.
이것 하나로 '걷는 이유'에 답은 충분하다.
나머지는 덤이자 군더더기이다.

언제부터인가 걷기가
거의 숨쉬기와 맞먹을 정도로 일상이 되었다.
귀차니즘을 극복하고 기꺼이 즐겁게 걷다 보면
나는 진정 살아있는 존재임을 실감한다.

복잡하게 얽혀 있었던 일이 정리가 되고 단순해진다.
책상 앞에 가만히 앉아 머리를 굴려 나온 무수한 생각의 나부랭이들이
얼마나 허약한 것들인지 절로 느껴진다.

프리드리히 니체가 말했다.
"가능한 한 가만히 앉아 있지 마라.
 자유롭게 움직이며 나오지 않은 생각은 절대 믿지 마라.
 모든 편견은 마음속에서 비롯된다."

헨리 데이비드 소로가 한마디 거들었다.
"내 다리가 움직이기 시작하면 내 생각도 흐르기 시작한다."

'걷기 예찬'의 저자인 다비드 르 브르통도 끼어들었다.
"난 홀로 걸을 때만큼 그렇게 많은 생각을 하고
 충만하게 존재하고 경험하며
 제대로 나다웠던 적은 한 번도 없었다."

공기나 물같이 가까이 있어도 그 소중함을 잘 인식하지 못하는 것처럼
'걷기'가 수많은 철학자나 선각자들에게 이토록 '의미 있는 무엇'이었다는 것에
새삼 놀란다. 그리고 거기에 무지한 나 자신을 보고 한 번 더 놀란다.

어쨌거나 수많은 의미와 생각, 느낌 등은 차치하고 나는 그냥 걷는다.
비가 오나 눈이 오나 바람이 부나, 새벽이나 잿빛 하늘의 정오, 어슴푸레 어둠이

밀려오는 저녁 가릴 것 없이 겨를이 있으면 걷고 있는 나를 발견하게 된다. 희로애락, 살아있음, 기쁨, 세렌디피티 등 걷기의 화려한 부산물들이 덩달아 따라다니지만 꼭 그것을 위해서만 걷는 것은 아니다.

모든 잎을 떨구고 혹한의 겨울 속을 당당하게 견뎌내는 나무들 사이를 걷다 보면 내 마음까지도 가난해진다. 연록 빛 버드나무 아래, 직박구리가 꽃잎을 쪼아대는 벚나무 꽃그늘을 걸을 때면 나는 그대로 봄이 되고야 만다.

작열하는 8월의 태양을 당당히 막아 만들어 준 느티나무 그늘을 걷노라면 나 또한 그 나무 같은 고마운 존재가 되겠다는 다짐을 한다. 봄, 여름을 탈 없이 버티고 찬란한 가을 잎들을 드러내면서도 어떤 교만이나 허영도 찾아보기 어려운 가을 나무들과 함께 걸으면 절로 겸손해지고 너그러워진다.

체면, 겉치레, 가식 등은 눈곱만큼도 찾아볼 수 없이 당당히 서 있는 이 나무들을 보면 구도자를 대하는 느낌이 몰려온다. 나는 걸으면서 그대로 가난한 구도자가 된다. 모든 존재에게 고마운 마음이 한가득이다. 이러니 어찌 걷지 않을 수 있을쏜가.

2013년 봄, 4월. 2007년 무렵부터 산에 오르기 시작했기에 '걷는 것'이 나에게 새로운 일은 아니었다. 지금도 왜 그랬는지 알 수 없지만, 그냥 걷고 싶었던 것 같다. 그런데 이왕 걷는 거라면 함께 걸어도 좋겠다는 생각이 불현듯 스쳐 지나갔다. 사람을 좋아하고, 함께 하는 것을 좋아했기에 '그래도 좋겠다'라는 생각, 그것뿐이었다.

2009년 서울 성곽길 투어. 2011년부터 남도 행복 여행 등과 일상에서 늘 대중교통을 이용하기에 걷기는 익숙한 것이었지만 막무가내같이 시도하는 것을 좋아하는 그 '끼'를 어찌할 수 없었다.

그러던 봄날, 2005년부터 써 온 〈김재은의 행복한 월요편지〉를 보내는 이메일을 통해 제안을 했다.
'걸을 사람, 요기요기 붙어라~.'

원래 2013년 4월 6일(토)로 정했지만,
비가 오는 바람에 다음날인 4월 7일(일)에 진행했다.

첫 번째 코스는 서울숲에서 남산길! 서울숲에서 남산까지 약 10km였다. 참가 신청은 따로 받지 않았다. 다만 나 이외에 한 사람만 더 있으면 된다는 생각으로 서울숲역 3번 출구로 갔다.

와~~,
그런데 이런저런 인연으로 온 사람들이 총 13명, 짧게는 며칠부터 길게는 30년이 넘는 인연들. 한 사람, 한 사람과 인사를 나누며 기억의 수레바퀴를 굴렸다.

인연이란 게 이토록 신기하고 경이롭다고 하는 생각이 밀려오면서. 그날 멀리 관악산 정상에 아직 흰 눈이 쌓여있었지만, 봄볕 가득 안고 개나리꽃의 환영을 받으며 서울숲-응봉산-대현산-금호산- 매봉산-국립극장-남산까지 뚜벅뚜벅 걸었던 기억이 주마등처럼 스쳐 지나간다. 벌써 10년의 세월이 흘렀다.

그 후로 한 번도 빠짐 없이(코로나로 인해 개별 행발모가 몇 번 있었지만) 매월 첫 토요일엔 행발모의 날이 되었다. 121번의 발걸음이 이어진 것이다.

노래 그대로 '비가 오나 눈이 오나 바람이 부나' 우리는 걷고 또 걸었다. 체감온도 영하 20도 가까운 날도, 38도를 넘는 한여름에도, 비바람이 몰아치는 날도 멈추지 않았다.

숨을 멈추지 않고, 식사와 수면을 멈추지 않는 것처럼…. 살아있기에….
행발모는 행복한 발걸음 모임이지만 '행복을 발견하는 모임'임을
수없이 느끼고 누린 시간이었음을 확인하고 또 확인한다.

행복한 발걸음 모임(행발모)는 작지만 특별한 특징이 있다.
첫째, 누가 올지 모른다. 행발모가 별도의 버스 등을 타고 이동하는 소풍이나 여행
인 경우를 제외하고는 따로 참가 신청을 받지 않는다. 그러니 주도하는 나 자신도
'누가 올까?' 궁금하고 누구를 만날까 설렌다.
둘째, 어디로 갈지 모른다. 뚱딴지같은 이야기일지 모르지만, 목적지는 있지만
그것에 매이지 않는다. 사전답사가 없기에 가다가 돌아오기도 한다. 그냥 걸을 뿐
이다. 그렇다고 문젯거리가 된 날이 한 번도 없음은 물론이다.
셋째, 무엇을 먹을지 모른다. 목적지에 예상대로 도착하는 경우를 포함하여 점심
식사는 특별한 경우를 제외하고는 예약하지 않는다. 예약할 수 없는 경우도 많다.
목적지 도착 1~2시간 전에 근처 맛집을 찾아간다. 그렇다고 한 번도 굶은 적이
없다. 신기할 뿐이다.
넷째, 공간이나 장소 걷기 여행을 넘어 '사람 여행'이다. 아름다운 산하를 걷는
것은 물론 그 길에서 행복 디자이너가 그동안 가꾸어 온 수많은 인연들을 만나고
그로 인해 더욱 즐겁고 풍요로운 시간이 되었다.

크게 의도한 것이 아님에도 행발모의 길은 왜 그랬을까? 어느 날인가 순간 번뜩
이는 게 있었다. 바로 인생이다. 우리가 삶을 살아갈 때 특별한 경우를 제외하고는
누구를 만날지 모르고 어디로 갈지도 모르며 무엇을 먹을지도 잘 모르지 않는가?

걷기도 인생도 반드시 어떤 목적이 있어야 하는 건 아니기에 어떤 규정이나 구속도
필요치 않다는 것, 바로 이것이 내가 가장 좋아하는 '걷기의 매력'이다.

이렇듯 행발모는 바로 인생을 그대로 나타낸 '인생 행발모'였던 것이다. 굳이 정하지 않고 바람이 불어가듯, 강물이 흘러가듯 해도 문제 될 것이 없지 않은가 말이다. 물론 작은 불편함과 불안감까지 어찌할 수 없었지만, 그 정도는 감수해도 될 거라는 작은 믿음이 있었기에 지금까지 그 문화를 이어오고 있다. 그것은 인생과도 닮았지만, 행복과도 꽤 닮은 듯하다. 행복이란 모든 문제가 해결된, 아무 문제 없을 때가 아닌 작은 불편함이 있어도 기꺼이 부딪히고 시도할 때 더 느끼고 누릴 수 있기에.

아무튼 행발모는 지금도 여전히 진행형이다. 지나온 10년을 넘어 이제 새로운 10년을 향해 간다. 걷는다는 것은 살아있다는 것이고 살아있기에 걷는 것이다. 이 선순환이 삶에 기쁨과 즐거움을 주기에 기꺼이 '걷기 대장정'에 함께 하는 것이다.

그래서 나는 가장 큰 소리로 목청껏 외친다!
걷자생존! 걷자행복!

아차차~. 지난 10년 함께 해 온 사람들에게 감사 인사를 빠뜨렸구나. 적게는 7명부터 많게는 99명까지 연인원 3,300여 명의 행복쟁이들이 없었다면 '행발모'도 없었을 것이다. 그냥 혼자 걸었다면 행발모는 앙꼬없는 찐빵이 아니었을까. 그 한 사람, 한 사람의 이름을 마음속으로 불러본다. 진심으로 고마웠다는 인사와 함께. 이왕 인사를 시작한 김에 앞으로 일상의 삶에서 걷기를 생활화하고 있는 대한민국을 포함하여 지구촌의 모든 사해동포들에도 큰 응원과 격려의 박수를 보낸다.

하나 더, 매월 첫째 토요일 행발모와 함께 할 수 있도록 이해와 배려를 해준 가족, 10년 동안 빠지지 않고 걸을 수 있도록 해준 몸과 마음에도 고마운 마음을 전한다.

나도 우리도 오늘도 걷는다. 그깟행복, 그깟걷기이다.

김재은

Chapter 3 나와 행발모. 걷기와 삶

11

Chapter 4

우리는 이렇게 걸었다
지난 10년, '행복한 발걸음 모임'의 기록

Chapter 1
걷는다는 것은

1. 걷기의 효과

우리는 일상의 삶 속에서 하루에 수천 보를 걷는다. 하지만 대중교통의 발달, 자동차 사용 인구의 증가, 바쁜 일상생활로 인해 우리는 '걷는 시간'을 점점 빼앗기고 있다. 여러 기관의 건강조사 결과에 따르면 걷기는 감소하고 이에 따라 비만은 증가 추세인 것으로 나타났다.

걷기 운동은 가장 쉬우면서도 간단하고, 특별한 장비나 비용이 들지 않으며 남녀노소 누구에게나 안전한 운동이다. 하루 30분 이상의 걷기 운동하면 혈액 순환 증가, 심혈관 질환 예방, 호흡기 기능 증진, 스트레스 지수 완화, 면역기능 증진, 허리와 다리 근력 증대, 내장 운동을 증가시켜 체내 노폐물 배출을 돕는 등 신체를 건강하게 해준다.

'걷자 생존'이라는 말이 있듯이 걷기 하나만으로도 건강을 거뜬히 챙길 수 있다는 게 결코 과장이 아니다. 걷기가 건강에 미치는 효과를 정리해본다.

가. 심장병 예방, 혈관 건강 개선

미국 오레곤 보건과학대학 연구팀에 따르면 적당한 운동은 혈액순환을 증가시키고 심장의 활동을 강화해 심장의 기능을 개선한다. 또한 꾸준한 걷기 운동을 통해 심장마비의 위험을 37% 정도 예방할 수 있다는 연구 결과가 있다. 이는 걸으면서 체내 지방이 연소하면서 혈액순환이 원활해지기 때문이다.

걷기는 심혈관과 심폐기관의 기능 유지를 도울 뿐만 아니라 순환계가 활력을 유지하게 한다. 특히 심장에서 뿜어져 나와 체내를 순환한 혈액이 심장으로 다시 흘러 들어가는 몸의 순환 시스템 기능을 돕는다. 이에 따라, 부종이나 저녁 무렵 다리가 무겁게 느껴지는 증상을 줄이고, 피로감과 함께 다리를 움직이고 싶은 충동을 느끼게 되는 '하지불안증후군'도 예방할 수 있다.

다른 연구에 따르면, 꾸준히 걸으면 심장질환과 뇌졸중 위험을 감소시키는데, 하루에 규칙적인 30분 걷기가 몸에 좋은 콜레스테롤HDL을 증가시키고 몸에 나쁜 콜레스테롤LDL을 감소시킬 뿐만 아니라 혈압도 떨어뜨려 주기 때문이다.

나. 치매 예방에 도움

걷기는 치매를 예방하는 데도 도움이 된다. 1주일간 10㎞ 정도를 걸으면 뇌의 용적이 줄어드는 위축과 기억력 소실을 방지하는 효과가 있다. 일반적으로 건강한 성인은 뇌의 해마가 1년에 약 1~2% 감소하며 인지증으로 인한 해마의 축소는 급속도로 진행된다. 미국 피츠버그 대학교 심리학과의 커크 에릭슨 박사에 따르면 1년 동안 활발한 걷기 운동하면 뇌의 해마를 키울 수 있으며 노화로 인한 기억 장애 개선을 통해 다시 건강한 뇌로 만들 수 있다고 밝혔다.

다. 면역력 증진

걷기는 코로나 등으로 인해 건강을 위협받고 있는 요즘 같은 시기에 꼭 필요한 묘약이다. 면역력을 키우기 때문이다. 1,000여 명의 남녀를 대상으로 한 연구에 따르면, 하루 20분씩, 일주일에 5일 이상 걷는 이들은 1일 이하로 걷는 이들에 비해 아픈 날이 43% 적었다. 혹 병이 나더라도 빨리 나았으며, 증상도 가벼웠다. 꾸준히 걸었던 사람들이 그렇지 않은 사람에 비해 아픈 날이 적고, 아파도 덜 아팠다는 뜻이다.

라. 체중 조절과 다이어트 효과

걷기와 다이어트는 무관하다고 생각하는 사람들이 많다. 누구나 할 수 있는 저강도 운동이라는 이유에서다. 그러나 걷기 운동 역시 개인 적성에 따라 충분히 수행할 때 다이어트 효과를 볼 수 있다. 물론 걷기를 통한 열량 소모량 자체는 적은 편에 속한다. 그러나 언덕길 오르기, 인터벌 운동 등 강도를 높인 걷기 운동으로 하체 근력을 키우면 기초대사량을 증가시켜 체중 조절의 선순환 구조를 만들어낼 수 있다.

또 걷기는 다리 근력뿐 아니라 다양한 근력을 강화할 수 있다. 언덕을 걸으면 엉덩이 근육과 복근 등이 탄탄해진다. 미국 하버드 대학교 연구팀은 성인 1만 2,000여 명을 대상으로 비만 촉진 유전자 32종의 역할을 관찰했다. 그 결과, 하루 한 시간만 기운차게 걸어도 유전자의 효력이 반으로 줄어든다는 사실을 발견했다.

마. 당뇨병 예방 효과 및 개선

아울러 꾸준한 걷기는 당뇨병에도 도움이 된다. 걷기 운동하면 우리 몸은 섭취한 음식을 복부 지방에 저장하지 않고 에너지원으로 사용한다. 이에 따라, 적정 체중과 인슐린 및 포도당 조절 기능을 유지하게 되면서 제2형 당뇨병을 예방할 수 있다. 걷기 운동은 식욕 조절 호르몬인 '그렐린' 분비에 영향을 주어 공복감을 조절해주기도 한다. 실제 덴마크 코펜하겐대학 연구팀이 과체중 성인 약 1,300명을 대상으로 연구한 결과, 대상자들이 중강도 걷기 운동을 30분 한 이후, 식욕을 억제하고 인슐린 생성을 자극해 혈당 수치를 낮춰주는 호르몬GLP-1 분비가 늘었다는 결과가 있다.

바. 우울증 완화 효과

미국 오스틴 텍사스대학 연구팀은 걷기가 우울증 완화 효과가 있다는 사실을 밝혔다. 항우울제를 복용하거나 정규적인 운동을 하지 않는 우울증 환자를 대상으로 한 실험에서 30분만 리닝머신에서 조금 빠른 걸음으로 걸어도 흡연이나 카페인 섭취 혹은 과식 후에 기대되는 우울증 완화에 상응하는 효과를 얻을 수 있다고 밝혔다.

또한 산행 등 햇볕을 받으며 야외에서 걸으면 행복감을 느끼게 하는 '세로토닌'과 통증을 완화하는 '엔도르핀'이 분비돼 마음이 안정되고 우울감이 줄어든다. 뇌에 산소가 원활하게 공급되면서 혈류가 개선돼 뇌 기능이 활발해지는 효과도 있다. 이처럼 걷기 운동은 활력과 행복감을 가져온다. 걷기를 하면 혈액순환이 향상돼 몸속 세포 내 산소공급이 증가하고, 근육과 관절의 긴장도 완화돼 활력이 늘어난다.

사. 즉각적인 스트레스 해소

위의 우울증 완화와 관련 있는 것이지만 극도의 스트
레스 상황에서 주위 사람에게서 '밖에서 좀 걷다 와라.'
라는 조언을 들었던 경험이 있을 것이다. 실제로 걷기
는 즉각적인 스트레스 해소 효과를 가져다줄 수 있다.
스트레스 호르몬인 코르티솔의 수치를 떨어뜨려서다.
가벼운 우울감을 호소하는 사람들에게 전문가들이
걷기 운동부터 권하는 이유도 이와 무관하지 않다.

걷기 시작하면 몸에 조금씩 열이 나기 시작하면서 혈액
순환이 촉진되는데, 계속 걸을수록 순환이 잘 안되던
말초까지 혈액순환이 되고 몸속의 노폐물들이 제거되
면서 몸 전체의 신진대사를 높여준다.
규칙적으로 걷게 되면 교감 신경과 부교감 신경의 균형
이 이루어지고, 자율 신경 작용이 원활해지면서 스트
레스 지수를 완화하고 정신적인 안정을 찾아준다.

햇빛을 보기 힘든 현대인들은 우울 증세를 느끼는데,
햇빛을 보면서 하는 가벼운 산책은 세로토닌 호르몬
분비를 촉진해 기분 전환에 도움을 줘 스트레스 지수
완화와 정신적으로 안정, 그리고 호흡과 관련된 증상
에도 긍정적인 효과를 가져다준다.

이렇듯 행동(걷기)으로 감정을 조절함으로써 스트레스
가 적은 기분 좋은 삶을 살 수 있는 것이다.

아. 근육량 유지

강도 높은 걷기는 뇌 시상하부-뇌하수체에 영향을 미친다. 이에 따라 테스토스테론 분비도 늘면서 근육량 유지에 도움이 된다. 특히 나이가 들어 근육량이 감소하며 생기는 '근육 감소증'을 우려하는 중장년층에 게 걷기 운동이 권장된다. 근육량이 충분해야 관절의 균형과 안정성을 지켜 낙상으로 인한 인대 손상, 골절 등을 예방할 수 있다.

자. 관절 유지

걸을 때는 팔다리 관절을 사용하기 때문에 관절 구조를 잘 유지하게 된다. 특히 계단 걷기는 허벅지 근육을 강화할 수 있어 무릎을 보호하는 관절의 힘이 세진다. 가벼운 걷기 운동은 골관절염 예방, 완화에 도움이 된다. 걷기는 관절, 특히 무릎과 엉덩이 관절을 보호한다. 걷기는 또한 관절염에서 비롯한 통증을 줄여준다. 일주일에 10㎞ 정도를 걸으면 관절염 예방 효과를 기대할 수도 있다.

차. 골다공증 예방

걷기 운동을 하면 발을 바닥에 디디면서 뼈에 좋은 자극을 주고, 근육이 수축하면서 골밀도를 유지하는 데 도움이 된다. 특히 꾸준히 걷는 여성의 경우 비활동적인 사람보다 넙다리뼈(대퇴골) 경부 골절을 입을 위험이 적다. 골다공증 예방을 위해 칼슘 보충제를 아무리 충분하게 복용한다 해도 근육을 사용하지 않고, 움직이지 않으면 먹은 효과를 볼 수 없다. 햇볕도 쬐면서 관절에 무리가 가지 않을 정도로 꾸준히 걸으면 뼈 건강에 필수적인 비타민D 생성이 늘어날 뿐만 아니라 골밀도가 증가해 다리와 허리의 근력이 증대되고 뼈의 밀도가 유지된다.

카. 기타

저녁 식사 후 가볍게 걸으면 수면을 돕는 호르몬 '멜라토닌' 분비가 촉진되어 숙면과 불면증 해소에 도움이 된다. 단, 격렬한 걷기 운동을 잠들기 2~3시간 전에 하면 오히려 수면을 방해할 수 있으므로 주의한다.

Think
Walk

걷기운동이 뇌 활동에 좋은 이유

뉴멕시코 하일랜드 대학교의 한 연구에서는 초음파 기술을 사용해 12명의 건강한 성인이 안정된 속도로 걷는 동안의 혈액 흐름을 파악해 분석했다. 결과를 통해 걷기, 달리기 등 발에 직접적으로 충격이 닿는 운동이 도보 효과가 없는 자전거 타기 등의 운동보다 뇌의 혈액순환에 직접적으로 영향을 미친다고 밝혔다.

이렇듯 뇌와 관련된 조직들은 뇌 속에만 있지 않으며, 특히 하반신에 많이 분포되어 있는 긴장근의 운동은 뇌까지 자극을 보낸다는 것을 알 수 있다. 이 자극을 통해 뇌의 기능을 활발하게 만들어 주는 것이다. 그렇다면 걷기운동이 다른 것보다 우리의 뇌에 '더' 좋은 이유를 살펴보자.

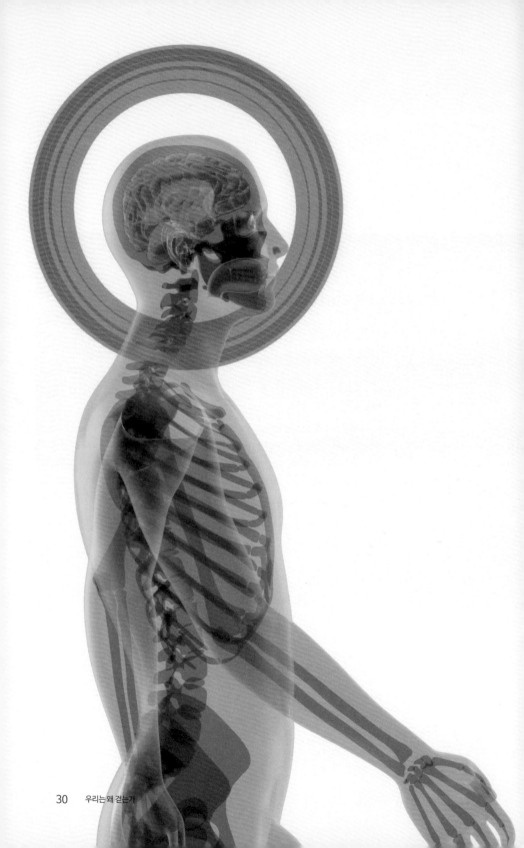

1, 도파민 분비 활성화

걷기를 통해 자극받은 뇌에서는 도파민이라는 호르몬이 분비된다. 도파민은 보상, 학습, 기분, 인지, 집중 등 뇌의 기능에 아주 중요한 역할을 하는 호르몬이다. 도파민과 관련된 뇌 신경질환에는 ADAH, 조현병, 우울증 등이 있다. 걷기를 통해 도파민 분비를 촉진해 혈액 순환을 활발히 한다면 우리의 뇌를 이런 질환으로부터 건강하게 지킬 수 있다.

2. 세로토닌 분비 활성화

세로토닌은 행복한 감정을 유발하는 호르몬이다. 그런데 세로토닌은 운동을 통해 촉진할 수 있다. 그중에서도 일정한 리듬을 타는 운동법이 세로토닌의 활성화에 더욱 큰 영향을 주는 것으로 알려져 있다. 걷기 또한 일정한 걸음으로 계속하여 걷기 때문에 리듬 운동법에 속하는데 하루 30분 정도의 걷기는 행복 호르몬인 세로토닌을 활성화하기에 충분하다.

3. 코티졸 분비 활성화

부신은 신장 위에 있는, 다양한 호르몬을 분비하는 내분비 기관으로, 스트레스 호르몬이라고도 불리는 코티졸도 분비되는데 외부의 스트레스와 같은 자극에 맞서 분비되는 물질이다. 이렇듯 코티졸 호르몬 분비에 문제가 생기면 만성 피로와 스트레스를 이기지 못하는 무기력증이 발생할 수 있다. 걷기운동은 이러한 부신피질의 호르몬 분비를 왕성하게 하여 스트레스 해소에 도움을 준다.

4. 베타엔도르핀 분비 활성화

스트레스를 해소하는 역할을 하는 또 다른 호르몬은 바로 베타엔도르핀이다. 쾌락 호르몬이라고도 부르고, 즐거움과 행복감을 주는 호르몬이다. 엔도르핀보다 더욱 강한 베타엔도르핀은 행복감 상승, 인내력 강화, 기억력 강화, 면역력 상승 등 우리의 몸과 마음을 건강하게 지켜주는 데 많은 도움을 준다. 특히 베타엔도르핀은 걷기 등의 운동을 통해 평소의 5배 이상 증가시킬 수 있는 것으로 알려져 있다.

2. 걷기 습관을 키우는 방법

걷기 습관을 키우는 방법은 다양하지만,
평소 일상적인 걷기를 통해 느낀 효과적인 12가지 방법을 제안해본다.

1. 매일 일정 시간 산책하기

걷기 습관을 만들기 위해서는 매일 일정한 시간에
산책하는 것이 중요하다. 처음에는 10분씩 시작해도
괜찮으며, 조금씩 시간을 늘려나간다.

2. 걷기를 즐기는 방법 찾기

걷기 또한 즐기는 것이 가장 중요하다. 걷는 것이 즐거워지면
걷기 습관을 오래 유지할 수 있고, 건강과 기분까지 좋아지는
효과를 얻을 수 있다. 예를 들어, 좋아하는 음악을 들으면서 걷거나,
자연을 감상하며 걷는 등 즐기면서 습관을 만드는 다양한 방법이 있다.

3. 걷기를 일상화하기

걷기를 일상화하기 위해서는 습관을 만들어야 한다.
매일 일정 시간에 걷되, 혹 불가피하게 걷지 못하는 날이 있더라도 개의치 말고
다시 시작하는 게 중요하다. 습관은 끊임없는 반복의 산물이기 때문이다.

4. 걷기 동반자 찾기

걷기를 함께 하는 동반자를 찾으면 서로 동기부여를 할 수 있어 좋다. 가족, 친구, 동료 등과 함께 걷는 것을 추천한다. 반려견 등과 산책하듯 걷는 것도 좋을 듯하다.

5. 걷기용품 구입하기

편안한 신발과 옷, 걷는 데 유용한 용품들을 구입하여 걸으면 더욱 편안하고 쾌적하게 걸을 수 있어 걷기 습관 만드는 데 한층 유리하다.

6. 걷기 목표 설정하기

걷기 목표를 설정하고 걸으면 동기부여가 되어 도움이 된다. 매일 1만 보도 좋고 8천 보도 좋다. 1시간이나 2시간 등 시간으로 하는 것도 좋다. 다만 목표에 너무 얽매이면 즐기지 못하고 힘든 노동이 될 수도 있으니 유연하게 진행할 필요가 있다.

7. 걷기 기록하기

걷는 거리나 시간을 기록하면 자신의 건강 상태와 걷기 습관을 파악할 수 있다. 활용할 수 있는 걸음수 측정 만보기 등의 앱을 활용하면 훨씬 입체적인 도움을 받을 수 있다.

8. 일상적으로 걸어 다니기

걸어 다니는 시간을 늘리기 위해 일상적으로 걷기를 적극적으로 추천한다.
예를 들어, 출퇴근 시 걸어 다니기, 엘리베이터 대신 계단을 이용하기 등이 있다.
습관적인 에스컬레이터나 엘리베이터 이용 대신 계단을 하늘이 준 선물이라
여기며 적극적으로 활용하면 좋다. 계단을 걸어 내려갈 때는 무릎에 무리가
갈 수 있으니 에스컬레이터 등을 이용하는 것을 권한다.

9. 목적지까지 걸어가기

가까운 거리의 경우 대중교통을 이용하기보다는 걸어서 가보자.
버스나 지하철 두세 정거장 정도는 걸어간다는 생각으로 걷다 보면
자연스럽게 걷기가 습관이 될 수 있을 것이다.

10. 걷기와 다른 운동 결합하기

걷기와 다른 운동을 조합하면 조금 더 효율적인
걷기 습관 형성이 가능하다. 예를 들어, 걷기 등
유산소 운동과 근력 운동을 조합하여 해보는 것도 좋다.

11. 걷기 대회에 참가하기

걷기 대회에 참가하여 목표를 가지고 걷는 것도 좋은 방법이다.
대회에 참가하면 걷기를 좀 더 재미있게 즐길 수 있고,
다른 걷기 동호인들과 교류할 수 있다. 걷기가 삶에 더욱
깊숙이 녹아들 좋은 기회가 될 수 있음은 물론이다.

12. 걷기 동기 부여하기

걷기를 습관화하기 위한 동기 부여 방법은 다양하다. 예를 들어, 건강을 위해 걷는 것이나, 스트레스를 줄이는 것, 걷기라는 행동을 통해 기분전환을 도모하는 것, 심지어 목적지까지 걸음으로써 교통비를 절약하는 것 등 다양한 동기가 걷기를 삶에 끌어올 수 있는데 도움이 된다.

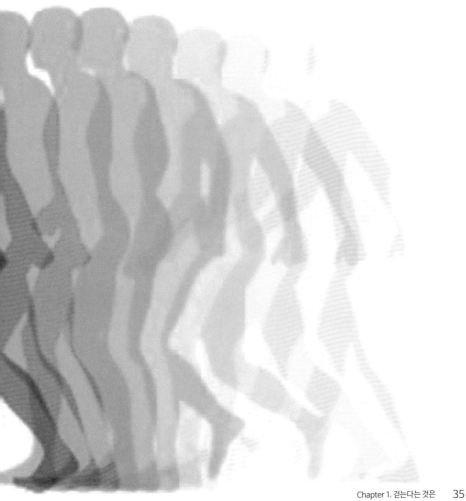

Chapter 2
걷기 예찬

1. 걷기와 관련된 세상의 명언들

'의학은 과학'이라는
의학의 아버지라 불리는
히포크라테스의 말이다.
걷기 또한 과학이기에 걷는 것이 최고의 약이라는
그의 말에 동그라미를 크게 친다.

> 걷는 것이 바로 최고의 약이다.
> _히포크라테스

많은 철학자가 걷기를 즐겼다는 것은
그리 놀라운 사실이 아니다.
니체는 "진정으로 위대한 생각은
전부 걷기에서 나온다."라고 확신하며
종종 기운차게 스위스 알프스산맥으로
두 시간가량 짧은 여행을 떠났다고 한다.

> 진정으로 모든 위대한 생각은
> 걷는 것으로부터 나온다.
> _니체

> 걷기는 최고의 운동이다.
> 반드시 걷기를 습관으로 만들어라.
> _토머스 제퍼슨

걷기만큼 쉬운 운동은 없다.
어떤 도구도 필요하지 않다.
지금 당장 나서면 된다.
제퍼슨의 수많은 명언 중의
으뜸이 아닐까 싶다.

식약동원食藥同源이라고 하는데
그 식약보다 더 나은 것이
걷기라 하니 어찌 걷지 않으리오.
심신 모두에 걷기가 그만큼
도움이 된다는 것,
걷기의 축복이 아닐 수 없다.

좋은 약을 먹는 것보다
좋은 음식을 먹는 것이 낫고
좋은 음식을 먹는 것보다
걷는 것이 좋다. _허준

걸으면서 쫓아
버릴 수 없을 만큼
무거운 생각이란
하나도 없다.
_키에르 케고르

걷다 보면 삶의 번민도 걱정도 나도
모르게 줄어들거나 사라진다. 이 말이
진실일까 의심하지 말고 지금 바로 걸
어보라. 키에르 케고르가 괜히 빈말을
했겠는가.

'걷기 예찬'의 작가이자 대학교수인
다비드 드 브르통은 그 후속 저서인
'느리게 걷는 즐거움'에서
걷기가 직립보행으로 시작된
인류의 근본적인 삶으로의
귀환이자 얼마나 즐거운 일인지를
이야기한다. 그러니 시간을 우아하게
잃는 것을 예찬하고 있지 않은가.

걷는다는 것은
자신의 길을 찾아가는 것이다.
그리고 가장 우아하게
시간을 잃는 것이다.
_다비드 드 브르통

나는 멈춰 있을 때는 생각에 잠기지 못한다.
반드시 몸을 움직여야만 머리가 잘 돌아간다.

_장 자크 루소

거의 대부분의 철학자가 훌륭한 산책자들이지만 루소만한 사람은 없다. 루소는 하루에 30km 이상 걷곤 했다. 한번은 제네바에서 파리까지 480km를 걸은 적도 있다. 루소에게 걷기는 숨쉬기와 같았다. 루소는 자신을 향한 사랑을 자주 경험하는데 이를 자기 사랑이라 부른다. 자기 사랑은 혼자 샤워하면서 노래 부를 때 느끼는 기쁨이다. 우리는 루소가 왜 걸었는지 이해할 수 있다. 걷는 데 인류문명의 인위적 요소가 전혀 필요치 않다. 가축도 사륜마차도 길도 필요 없다. 산책자는 자유롭고 아무런 구애도 받지 않는다. 순수한 자기 사랑이다. 무엇보다 루소는 최고의 산책자다. 자유는 걷기의 본질이다. 루소를 걷기와 분리하여 설명할 수가 없다. 습관적으로 숲의 오솔길을 산책하며, 사색과 사유를 하는 소요逍遙, Peripatetics 철학 학파인 루소는 오솔길을 걸으며 고뇌하고 사색했다. 《고독한 산책자의 몽상》(1782)이 그냥 나온 것이 아니다.

하루를 축복 속에서
보내고 싶다면
아침에 일어나 걸어라.

_헨리 데이비드 소로우

매일 아침 산책을 하며 느끼는 것이 바로 이것이다. 살아 움직이고 있음이 오롯이 느껴지면서 지금, 이 순간이 '축복된 삶'임이 진하게 다가온다.

어딘가에 도착할
필요가 없는 걸음은
정신 집중, 기쁨, 통찰력,
살아있음을 깨닫게 한다.
_틱낫한 스님

목적 없이 모든 것을 내려놓고 걷다 보면 마음은 기쁨으로 가득하고, 온전히 살아있음을 느끼고, 그대로 자유가 된다. 이러한 걷기는 위대하다는 말로 설명할 수밖에 없다.

인간은 걸을 수 있을 만큼만 존재한다.
_장폴 사르트르(프랑스 사상가, 작가)

걷는 것만큼 살아있음의 강력한 증거는 없다. 인간 활동의 거의 대부분은 걸을 수 있을 때 가능하다. 너무도 당연한 사르트르의 이 말은 군더더기 같지만 깊이 새겨 걷기 행동의 실천으로 이어가야 한다.

땅을 걷는 것은
나를 이 세계와
화해하게 해주었다.
_베르나르 올리비에

터키 이스탄불에서 중국 시안까지, 1,099일간 걷고 난 후의 기록물인 《나는 걷는다》의 저자인 올리비에의 말에 어찌 거짓이 있겠는가. 아마도 걷는다는 것은 그 이상일 것이다.

내 경우에는 어디론가 가기 위해서가 아니라
걷기 위해서 여행한다.
내가 여행하는 이유는
순전히 여행하는 기분을 위해서다.
중요한 것은 움직이는 것,
삶의 필연성과 당혹감을 더 자세히 경험하는 것,
문명의 포근한 침대를 벗어나는 것,
지구의 화강암과 예리한 단면들로
어수선한 규석들을
내 두 발로 느끼는 것이다.

_로버트 루이스 스티븐슨(보물섬 작가)

젊을 때 한 번쯤 돈도, 꾸러미도 없이
걸어서 먼 길을 떠나 본 사람이라면
누구나 그런 느낌을 잘 알 터이다.
토끼 풀밭이나 베어낸 건초더미에서 지낸 하룻밤,
외딴 오두막에 가서 꾸어다 먹은 빵이나 치즈 한 덩어리,
우연히 도착한 여인숙에서
때마침 마을 결혼식 잔치가 벌어지고 있어서
자연스레 잔치에 초대되었던 기억은
쉽사리 잊을 수 없는 법이다.

_헤르만 헤세

내 다리가 움직이기 시작하면
내 생각도 흐르기 시작한다.

_헨리 데이비드 소로

걷기의 역사는
곧 온 세상의 역사이다.

_레베카 솔닛

앉아 있으면 생각들이 잠든다.
다리가 흔들어 주지 않으면
정신은 움직이지 않는다.

_몽테뉴 '수상록'에서

만일 산책을 하지 않았다면
난 죽었거나 진즉에
내 일을 포기할 수밖에 없었을 것이다.
이렇게나 열정적으로 사랑하는 일인데도 말이다.
산책하며 사실들을 모으지 않았더라면
아마도 나는 소설은 말할 것도 없고
서평은커녕 기사 한 줄도
제대로 쓰지 못했을 것이다.

_로베르트 발저(스위스 소설가)

이 밖에도 그리스 철학자 아리스토텔레스도 학교 주변의 나무 사이를 산책하며 제자들을 가르친 것으로 유명하며, 수많은 철학자가 걷기를 통해 신체를 활성화함과 동시에 머릿속의 수많은 생각과 고민을 정리할 수 있는 시간으로 활용했음은 물론이다.

이 외에도 수많은 걷기 명언들이 있다.
아니 누구라도 걷기에 대한 느낌과 생각을 정리하면
그대로 명언이 될 것이다.

병의 90%는 걷기만 해도 낫는다.

_나가오 가즈히로(의사)

우유를 마시는 사람보다
우유를 배달하는 사람이 더 건강하다.

_영국 속담

규칙적으로 강도 높은
운동을 한다고 해서
사망률이 감소하는 것이 아니다.
사망률을 감소시키는
가장 이상적인 방법은
바로 걷기 운동이다.

_헨리 솔로몬(심장병 연구가)

누우면 죽고
걸으면 산다.
(臥死步生)

_김영길(한의사)

걷기는 건강이라는 궁전으로 들어가는 대문과 같다.

_이상용(방송인)

나에겐 두 명의 주치의가 있다.
왼쪽 다리와 오른쪽 다리다.

_트레벨리안(영국의 역사가)

나는 걷는다.
고로 존재한다.

_이브 카팔레(생물학자)

토마토가 빨갛게 익으면 의사의 얼굴이 파랗게 질리고,
걷는 사람이 많아지면 의사의 얼굴이 새파랗게 질린다. _서양 속담

여행자들이여, 길은 따로 없다.
당신의 걸음이 길을 만든다.

_안토니오 마차도(스페인 시인)

2. 걷는 사람들

2-1. 걷기 여행가

_황안나(경화)

65세에 800km 국토종단, 67세에 4,200km 국내 해안 일주, 산티아고, 네팔, 홍콩, 몽골, 동티베트, 아이슬란드, 시칠리아 등 50개국 여행, 75세에 여덟 번째 지리산 화대종주 완주….

목적지는 정하지만, 목표에 얽매이지는 않는다. 그녀는 꼭 정상을 가겠다는 마음이 아니라, 가다가 힘들면 되돌아오면 된다는 마음으로 길을 나선다. 하고 싶은 걸 그냥 할 수 있는 것만으로도 충분히 즐겁고 만족스럽다고. 그런 그녀가 말한다. "많이 살고 싶어요."라고.

그녀의 걷기 인생을 저서인 《내 나이가 어때서》(2005)와 《일단은 즐기고 보련다》(2014)와 유튜브 영상 등을 참고하여 정리해 본다.

초등학교 선생님이던 황안나는 쉰여덟의 어느 날 학교를 그만두기로 한다. '나를 찾기 위해서' 내린 선택이었다. 그리고 길을 떠났다. 열정 넘치는 도보여행가의 탄생이었다. 사람들은 그녀에게 너무 늦었다고 말했지만 늦은 일이란 없었다. 길을 걷기 시작하면서 사진도 배웠고, 체력도 훨씬 좋아졌고, 어렸을 때 꿈이던 작가의 꿈도 이뤘다. 길이 그녀에게 건넨 수많은 선물들을 생각하면 그저 감사할 따름이다. 무엇보다 매 순간이 참으로 소중하게 느껴진다.

황씨는 춘천사범학교를 나와 20세부터 교직 생활을 하다가 정년을 7년 앞두고 제 2인생을 위해 과감하게 퇴직했다. 퇴직 후, 가장 먼저 문제가 된 것은 건강이었다. 건강검진 결과 고지혈증에 악성 빈혈 등 의사가 식단까지 짜줄 정도로 상태가 심각했던 그녀다. 그런 그녀에게 의사는 운동을 권했고, 그때부터 동네 뒷산을 오르거나 헬스장을 다니기 시작했다. 그러던 어느 날, 황씨는 TV 브라운관에 펼쳐진 땅끝마을의 풍경을 보고 눈을 뗄 수 없었다.

"드넓은 양파밭과 청보리순, 붉은 황토가 햇살에 반짝이는 그곳을 '한번 걸어보면 좋겠다.'는 마음이 생겼어요. 땅끝마을이라는 그 단어도 무척이나 아득하게 느껴졌죠. 그때 마침, 제가 다니던 산악회에서 광주 무등산을 오른다고 하는 거예요. 그러면 나는 산에서 내려와 터미널로 가서 땅끝마을로 가면 되겠다고 생각했어요. 그렇게 순전히 그 길을 걸어보고 싶은 마음에 걷기를 시작했고, 그 일이 계기가 돼 국토종단과 해안 일주에 도전했죠. 내 모든 시작과 도전은 65세부터였어요."

나이를 두고 우려하는 이들에게 그녀는 말한다.
"비록 나이는 적지 않지만 뜨겁게 갈망하는 것이 있고 그것들을 내 두 발로 해낼수 있으니 이만하면 젊지 않은가?" 라고.

사람들이 도전을 망설이는 것은 상상 탓일지도 모르겠다. 해보지 않은 것은 어렵게 느껴지기만 한다. 그러나 일단 한 걸음 내디디면 도전은 더 이상 근접 불가의 영역이 아니게 된다. 내 생활 안으로 들어온 단단한 현실일 뿐, 도전 앞에서 황안나 선생은 스스로에게 말한다.

"하는 데까지는 해보자."

"도전해서 꼭 이루리라는 욕심은 없지만, 끈기 있게 하려고 노력했어요. 그러다보니 도전한 것은 대부분 해낼 수 있었죠. 머리가 가자고 하면 몸은 자연히 따라

가게 돼 있거든요. 도보여행을 하다 보면 소나기를 맞을 때도 있어요. 비에 홀딱 젖고 나면 대개 의욕을 잃거나 힘들어하죠. 그럴 때면 저는 이렇게 외치며 한 발짝 더 내딛죠."

"젖은 옷이 마를 때까지!"

그렇다고 걷는 내내 생각만 하는 것은 아니다. 길 위에서 그녀의 주특기는 바로 '멍때리기'라고. 근심 없이 머리가 텅 빈 상태로 걷다 보면 몸도 마음도 아주 편안해진다고 한다. 그러면서도 끝까지 놓지 않아야 할 것은 바로 '끈기'다.

삶을 막아서던 혹독한 시련과 뜨거운 욕망을 묵묵히 견뎌내지 못했다면 일상의 고마움을, 저 들꽃 한 송이의 고마움을 알 수 있었을까. 숱한 시간을 견디며 조금씩 삭혀온 늙은 가슴속엔 잔잔한 평화가 깃들었다.

그녀는 말한다.
"일흔여섯 살짜리가 인제 원대리 자작나무 숲 눈길을 올라가는데 칼바람이 불어서 목덜미가 얼더라고요. 그래도 찬바람에 두 뺨이 빨갛게 상기가 되고 코끝에 칼바람이 들어오는 게 정말 상쾌했어요. 재작년 겨울에 홍천강을 걷는데 너무 추우니까 강이 얼어서 얼음장이 쩡쩡 갈라지는 소리가 나요. 그날은 늦어서 밤까지 걸었어요. 달밤에 강물 언 얼음이 쩡쩡 갈라지는 소리가 얼마나 아름다운지. 남들은 추워서 못 간다고 하는데 저는 비 오는 날 등산도 진짜 좋아해요. 우산 위에 떨어지는 빗방울 소리가 그 어떤 음악보다도 상쾌하게 들려요. 비가 오나 눈이 오나 전천후로 다녀요. 어떤 때는 사과 넣어간 게 얼어서 이가 안 들어갈 정도로 그렇게 추울 때도 걸었어요."

그녀는 걷다가 외로움이 몰려올 때면 돌아가신 어머니의 일기장에 남아 있던 문구를 떠올린다.

'자유로워지려면 외로워야 한다!'

무엇이 그녀를 걷게 했을까?

"몸살 기운이 있어서 아프다가도 배낭만 메고 길 위에 서면 정말 자유스러운 거예요. 일단 길 위에 서면 그 시간을 내 맘대로 할 수 있어요. 먹고 싶은 거 먹고 그만 걷고 싶으면 그만 걷고 더 걷고 싶으면 더 걷고요. 시간을 내 마음대로 부리니까 그것 때문에 자유스럽다고 느끼는 것 같아요. 또 나이 들어가니까 자연과의 만남이 정말 좋아요. 짜증 나고 스트레스받고 했던 걸 다 잊어버리게 되니까요.

나는 남달리 호기심이 많아요. '저 모퉁이를 돌아가면 어떤 마을이 있고 어떤 사람들이 살까?' 이러니까 자꾸 나서서 걷게 돼요. 세상이 얼마나 무서워요? 그래도 이 세상은 살아볼 만해요. 좋은 사람들이 더 많아요. 길에서 만난 좋은 사람들에게서 또 많이 배웠고요. 부끄러웠고요. 그러니 자꾸 나서게 돼요.

모든 게 걸었으니까 얻게 된 거잖아요. 나의 제2의 인생이 시작된 건 정말 걷기예요. 삶 자체가 바뀌니까 책을 낼 만큼 할 얘기도 많았고요. 어느 날 보니까 내 이름 앞에 '도보여행가'라고 붙더라고요. 처음엔 아주 민망했지만요. 제 인생 후반전은 걷기로 시작됐어요."

느린 걸음으로나마 나는 여행을 계속할 것이다. 무엇이든 겁먹지 않고 시도해보는 것이 중요하다. 이렇게 일흔다섯(현재는 80이 넘은) 할머니도 화대종주를 해낼 수 있다는 걸 보고 많은 분이 용기를 내면 좋겠다.

2-2. 걷는 사람

_하정우

그에게 걷기란,
두 발로 하는 간절한 기도,
나만의 호흡과 보폭을 잊지 않겠다는 다짐,
아무리 힘들어도 끝내 나를 일으켜 계속해보는 것!

웬만하면 걸어 다니는 배우, 하정우!
걷고 또 걷는 배우 그리고 자연인 하정우의 발자국을
그의 저서인《걷는 사람, 하정우》를 중심으로 정리해본다.

배우 하정우는 무명 배우 시절부터 천만 배우로 불리는 지금까지, 서울을 걸어서
출퇴근하고, 기쁠 때도 어려울 때도 골목과 한강 변을 걸으면서 스스로를 다잡으
며 살아왔다.

배우 하정우는 보통 하루 3만 보씩 걷고, 심지어 하루 10만 보까지도 찍은 적이
있는 별난 '걷기 마니아'이다. 친구들과 걷기 모임을 만들어 매일 걸음 수를 체크
하고, 주변 연예인들에게도 '걷기'의 즐거움과 유용함을 전파하여 '걷기 학교 교장
선생님', '걷기 교주'로 불리는 그는 강남에서 홍대까지 편도 1만 6천 보 정도면
간다며 거침없이 서울 속을 바람처럼 가로지른다.

심지어 비행기를 타러 강남에서 김포공항까지 걸어간 적도 있다는 그에게 '걷기'
란 단순한 운동이 아니라, 숨 쉬고 생각하고 자신을 돌보며 살아가는 또 다른

방식이다. 그는 이 세상의 맛있고 아름답고 좋은 것들을 충분히 누리고 감탄할 줄 아는 사람이다.

그는 걷기도, 일도, 인생도, '내 숨과 보폭을 찾는 것'이 중요하다고 이야기한다. 그는 남 탓, 여건 탓, 대중 탓, 분위기를 따지는 법이 없다. 그저 건강한 두 다리가 있다는 것에 감사하며 자신의 앞에 펼쳐진 길을 기꺼이 즐기면서 걸어간다.

그의 시야로 세상을 바라보다 보면, 문득 하정우처럼 내 숨과 보폭으로 걷고 싶어진다. 살아가면서 그 어떤 조건과 시선에도 휘둘리지 않고 두 다리만 있다면 '계속할 수 있는 것'이 있는 것만큼 든든한 게 어디 있으랴.

좋아하는 사람들과 나란히 걷고, 맛있는 것을 함께 먹고, 많이 웃고, 오래 일하고 싶은, 자연인 하정우의 발자국은 걷기가 그대로 인생임을 소리 없이 외치고 있다. 하정우에게 '걷기'는 두 발로 하는 간절한 기도, 그리고 어떤 경우에도 계속되어야 할 '삶' 그 자체다.

그는 말한다. 삶은 그냥 살아나가는 것이다.
건강하게, 열심히 걸어 나가는 것이
우리가 삶에서 해볼 수 있는 전부일지도 모른다.

살면서 불행한 일을 맞지 않는 사람은 없다.
그러니 그 늪에서 얼마큼 빨리 탈출하느냐,
언제 괜찮아지느냐,
과연 회복할 수 있느냐가 인생의 과제일 것이다.

나는 내가 어떤 상황에서든 지속하는 걷기가

나를 이 늪에서 건져내 준다고 믿는다.

티베트어로 '인간'은 '걷는 존재'

혹은 '걸으면서 방황하는 존재'라는 의미라고 한다.

나는 기도한다.

내가 앞으로도 계속 걸어 나가는 사람이기를.

어떤 상황에서도 한 발 더 내딛는 것을 포기하지 않는 사람이기를.

2-3. 맨발 걷기의 기적

_박동창

어느새 아픈 곳이 나도 모르게 낫는
놀라운 기적을 당신도 경험한다.

그 기간에 일어난 일은 놀라웠다.
"맨발 걷기는 치유한다."
"당신의 맨발이 의사이다."라는 구체적인 기적을 수시로 확인했다.
맨발로 걷고 난 후, 모처럼 잠을 잘 잤다는 기쁨에 찬 인사에서부터 그동안 잘 안 꿰어지던 바늘귀가 쏙 들어갔다는 사람, 오랫동안 숙였던 남성이 불끈 일어섰다는 사람 그리고 심지어는 몸의 근골격계에 심각한 문제가 있던 사람이 맨발 걷기를 한 다음 날, 잘 안 쥐어지던 손가락이 쥐어지고, 20~30도밖에 굽혀지지 않던 허리가 90도까지 굽혀지는 놀라운 모습을 보였다.

맨발 걷기 전도사인 〈맨발 걷기 시민운동본부〉의 박동창 대표의 걷기 이야기를 정리한다. 그의 저서인 《맨발 걷기의 기적》(2019, 2021)을 참고했다.

매일 맨발로 하루 1~2시간씩 약 2개월을 걸었더니, 갑상선 암의 종양이 3cm에서 1.6cm로 줄어들고, 유방암 종양이 8mm에서 3mm로 줄어들었다. 그뿐만 아니라, 8시간의 대형 뇌수술로도 치유되지 않던 만성 두통과 족저근막염, 무릎 연골과 척추관협착증의 통증이 해소되고, 심방세동의 고통과 통증이 사라지는 등 각종 질병의 증상이 두 달 안에 개선되거나 치유된다는 사실도 맨발 걷기 참여자들이 증언했다.

맨발로 걷는 숲길은
3무(三無)의 자연치유 종합병원이다.

맨발로 걷는 숲길은 그 자체가 자연의 질서에 순응하는 자연치유 종합병원이다.
맨발로 숲길을 걷기만 하여도 수많은 질병이 예방되거나 치유됨을 자신과 주변
의 많은 사람에게서 매일 듣고 확인했다. 그래서 숲길 맨발 걷기를 일반 병원과
비교해 '3무(三無)의 자연치유 종합병원'이라고 지칭한다.

그 까닭은 먼저,
맨발 걷기는 복잡한 입원 절차가 필요 없다(一無).
그냥 신발을 벗고 숲길에 들어서기만 하면 된다.

다음은 병상에 드러눕는 대신 맨발로 걷기만 하면 되기에
숲길은 병상이 없는 병원이다(二無).

마지막으로 숲길은 일체의 진료비나 치료비를 내지 않는,
즉, 병원비가 필요 없다(三無).

이 얼마나 좋은 병원인가?

2-4. 뛰는 남자

_조웅래

연분홍 재킷과 이색적인 중절모를 걸친 신사가 숲속 탐방로를 뚜벅뚜벅 걷고 있다. 다시 살펴보니 맨발이다. 레드카펫처럼 펼쳐진 붉은 황톳길을 맨발로 걷고 있는 것이다. 대전의 명소 계족산 황톳길을 걷고 있는 밀키스 컴퍼니 조웅래 회장의 이야기이다.

2006년 4월 어느 날, 조 회장은 지인들과 우연히 계족산을 찾았다가 하이힐을 신고 와서 제대로 걷지 못하는 여성에게 자기 운동화를 건네주고 자신은 맨발로 탐방로를 걸었단다.

그날 조 회장은 귀가하여 자고 일어났는데 몸이 무척이나 가뿐하고 개운하더란다. 숲을 맨발로 걷고 나서 인생 꿀잠을 잔 것이다. 이것이 계기가 되어 그의 황톳길 사랑이 시작되었다. 그로부터 17년째 조 회장과 맥키스컴퍼니는 계족산 황톳길을 꾸준하게 관리해왔다. 맨발 걷기, 맨발 마라톤, 숲속 문화 공연 등을 하나로 엮은 계족산 맨발 축제는 대전이 자랑하는 축제이자, 전국의 많은 사람이 찾는 힐링 명소가 되었다.

자신을 잡놈, 괴짜 왕이라 부르는 그는 60대 중반의 나이에도 마라톤 풀코스 (42.195㎞)를 완주할 만큼 열렬한 그의 달리기광이다. 2001년부터 마라톤을 시작해 풀코스만 80번 완주했다. 한발 더 나아가 조 회장은 2021년 12월부터 '대한민국 국토 경계 한 바퀴' 달리기 도전에 나서, 지난 1월 26일 총 5228㎞ 완주에 성공했다. 그것도 최단 시간 완주 기록이다.

동해안 해변 길(713.87㎞), 남해안 해변 길과 주변 섬(1987.6㎞), 서해안 해변 길과 주변 섬(1770.83㎞), 제주도 둘레길과 울릉도 한 바퀴(286.42㎞), 비무장지대DMZ 길(469.61㎞)을 뛰고 또 뛴 것이다. 날씨와 계절에 상관없이 매주 금, 토요일에, 한 번 달릴 때 보통 45㎞씩 421일 동안 총 116번 뛰어달려 이루어 낸 쾌거이다.

60대 중반의 나이에 웬만한 청년보다 뛰어난 체력으로 달릴 수 있었던 비결은 평소 다져온 단단한 근육과 근육 달래기다. 한 번 뛴 후에는 냉탕과 온탕을 오가면서 근육을 풀어줬고 요가를 지속해서 했다. 뛰기 전과 뛰는 도중, 그리고 뛰고 난 후에 반드시 근육을 풀어줬다고 한다.

주변 사람들에게 "한 번 달릴 때마다 보약 한 첩 먹었다고 말할 만큼 달리는 게 건강에 좋다."고 말한다. 그래서 몸이 불편해 달릴 수 없는 지체장애인들에게 미안한 마음이 들어 뛸 때마다 이들에게 보약값을 주자는 의미에서 기부하고 있다. 그는 1㎞씩 달릴 때마다 지체장애인들을 위해 1만 원씩 기부하는 새로운 기부 문화를 만든 것이다.

걷기와 뛰기를 삶의 문화로 만들어 에코힐링의 파수꾼 역할을 기꺼이 하는 그는 오늘도 계족산 황톳길을 맨발로 걷고 있다.

2-5. 기적을 부르는 걷기

_세실 가테프

출판 편집자로 일하던 저자는 어느 날 갑자기 찾아온 갑상선 이상으로 몸져눕는다. 한 걸음도 내딛지 못하게 된 그녀를 위해서 의사가 내려준 처방은 '걷기'. 그 순간부터, 걷기는 죽음의 문턱을 드나들던 그녀에게 반드시 통과해야 할 삶의 관문이며 재기를 향한 유일한 희망이 되었다.

걸음마를 배우는 아기처럼 몸의 균형을 유지하는 요령을 배우고, 지구상 최초의 인간처럼 직립보행의 방법을 하나하나 터득해가면서, 그녀는 걷기가 단순한 치료의 수단이 아니라 새로운 삶의 방식임을 깨닫는다. 각고의 노력과 훈련의 시간이 지나고, 기적처럼 몸이 정상을 되찾자, 그녀는 자신이 체험한 그 놀라운 경험을 많은 사람들과 나누고자 했다.

걷기를 다시 배우면서, 나는 걷는다는 것이 어떤 순간에 절실히 필요하고, 언제 효과를 나타내는지 깨닫게 되었다. 이제 나는 결코 이전처럼 살지 않을 것이다. 이제야 정신과 몸을 건강하게 유지하면서 살아가는 방법을 터득하게 되었다. 어떤 날은 꼼짝도 하기 싫지만, 그럴 때마다 나는 병마에 시달리던 과거의 끔찍한 기억을 떠올리며 주저 없이 산책길에 나선다.

나는 걷기를 통해 건강한 몸과 마음을 되찾아, 풍요로운 삶을 사는 내 체험을 그들에게 들려주고 싶다. 서양에서는 흔히 육체와 정신을 분리해서 생각한다. 그렇지만 나는 걷기 덕분에 육체와 정신의 결합이 얼마나 우리를 풍요롭게 만드는지를 체험했다.

앙리 뱅상은 《콤포스텔의 별》에서 이야기한다.
"걷는 사람은 결코 굴복시킬 수 없다."라고.

이처럼 갑상선 이상으로 죽음의 문턱까지 갔던 프랑스의 작가 세실 가테프는 "걷기가 내 생명을 구했다."라고 단언한다. 가테프에게 걷는다는 것은 '숨 쉬고, 바라보고, 명상하고, 발견하고, 나누고 성숙한다는 것'을 의미했다. '의미'로서만이 아니라 '실제'로도 걷는다는 것은 저항력을 키우고 체내의 독소를 제거하는 데 도움을 준다. 아니 '걷는다는 것'은 생명이오, 삶의 전부였다.

가테프는 이야기한다. 걷기는 3백만 년 전부터 누구나가 해온 자연스러운 동작이며 어떤 신체조건도 적응 가능한 운동이다. 또한 걷기는 '마음의 준비만 돼 있다면' 10분이든 1시간이든 일상생활에서 쉽게 실천할 수 있다. 그러면서도 걷기 위해서는 머리, 등, 근육, 발, 다리 등 몸 전체를 사용해야 한다. 심지어 청각과 후각, 시각도 사용한다.

또 걷기는 '멈출 줄 안다는 것, 바라본다는 것, 평소의 시간 개념과는 전혀 다른 시간의 흐름 속에서 여유를 찾는 것'이라는 의미에서 신체적으로 뿐 아니라 세상과 타인을 발견하는 수단이기도 하다. 그래서 걷기는 '만남의 의무를 포함'하고 '기쁨과 고통, 책임감이 있는 인생의 축소판'이다.

가테프는 맺는 글에서 이렇게 외친다.
"언제나 기적의 걷기가 당신 곁을 지키리라."

2-6. 나는 걷는다

_베르나르 올리비에

걷기의 마력에 흠뻑 빠져들게 하는 도보여행서의 바이블인 베르나르 올리비에의 실크로드 대장정을 기록한 《나는 걷는다》! 전 세계 걷기 열풍을 불러일으킨 실크로드 대서사시, 《나는 걷는다》 3권을 오래전에 구매했다. 두툼한 한 권 한 권에 '걷기'와 '인생'의 깊이와 철학, 그리고 용기와 희열이 그대로 녹아있었다.

프랑스 신문의 정치사회부 기자로, 칼럼니스트로 잔뼈가 굵은 그는 예순의 나이에 은퇴하고 터키 이스탄불에서 중국 시안까지, 1,099일간 걷고 난 후, 흙먼지 냄새 가득한 한 움큼의 원고를 가지고 돌아왔을 때, 사람들은 그 지난한 여정을 견뎌낸 그에게 경이로움과 존경을 가득 담아 큰 박수를 보냈다. 거기에 그의 깊은 사유와 역사 문화에 대한 그의 해박한 지식이 고루 배어 있는 이 아름다운 문장에서 '인생'을 보았다고 했다. 은퇴 후 그는 먼저 떠나보낸 아내를 잊지 못했고, 지독한 우울증에 시달렸으며, 무기력함에 눌려 자살을 기도하기도 했다. 그러다 불현듯 파리를 떠나, 세계에서 가장 오래된 길 중 하나인 산티아고 데 콤포스텔라를 걸었다. 절망적 상황에서 다시 길을 찾았을 때, 길은 그에게 살아야 할 이유를 선물했다.

산티아고 데 콤포스텔라의 끝에서 걷기의 허기를 느낀 베르나르 올리비에는 실크로드를 떠올렸다. 주지하는 바와 같이 실크로드는 세계화의 발상지이고 수천 년 전부터 수많은 문물이 이 길을 통해 전해졌다. 얼마 후 그는 이 길을 처음부터 끝까지 걸은 사람이 거의 없다는 사실을 알게 되었다. 그는 결심했다. 그의 인생에서 가장 길고 험한 여행이 시작되는 순간이었다.

그는 말한다. 놀랍게도 걸을 때보다 걷기를 멈추었을 때가 가장 힘들었노라고. 언어가 통하지 않는 낯선 땅을 혼자 걷는 동안 그는 수도 없이 길을 잃었고, 도둑과 짐승의 위협, 또는 병마에 시달리기도 했다. 그러나 오롯이 홀로 걸은 그 길이 외롭거나 고통스럽지만은 않았다. 삶의 의지를 되찾기 위해 떠난 여정에서 그는 도저히 잊을 수 없는 추억과 1만 5천여 명에 이르는 친구를 사귀었으니까. 그가 남긴 여행의 기록에는 순례자의 경건한 침묵과 30여 년간 숨 가쁘게 뛰어왔던 퇴직 기자의 한결 여유로워진 사유, 그리고 독학으로 공부했던 사람들에게서 보이는 엄청난 독서량으로 시공을 넘나드는 지식이 가득 묻어난다.

《나는 걷는다》에서 몇 구절을 옮겨본다.
"걷는 것에는 꿈이 담겨 있다.
 그래서 잘 짜인 사고와는 그리 잘 어울리지 않는다.
 그런 사고는 고운 모래밭에 말랑말랑한 베개를 베고 누워
 반쯤 눈을 감고 명상한다던가 솔밭에서 낮잠을 잘 때 더 잘 어울린다."

걷는 것은 행동이고 보약이며 움직임이다. 부지불식간에 변하는 풍경, 흘러가는 구름, 변덕스러운 바람, 구덩이투성이인 길, 가볍게 흔들리는 밀밭, 자줏빛 체리, 잘린 건초 또는 꽃이 핀 미모사의 냄새, 이런 것들에서 끝없이 자극받으면 마음을 뺏기기도 하고 정신이 분산되기도 하며 계속되는 행군의 괴로움을 느끼기도 한다.

생각은 감각과 향기를 빨아들여 따로 추려 놓았다가 후에 보금자리로 돌아왔을 때 그것들을 분류하고 각각의 의미를 부여하게 될 것이다. 내가 이곳에 있는 것과 내가 목표한 곳에 도달할 가능성에 대하여 생기는 의문의 답으로 콤포스텔라 길에 관해 모니크가 말했던 대답을 상기한다.

우리 모두에게 중요한 것은 목표가 아니라 길이니까요.

(참고)

한국인을 위한 걷기 가이드라인(보건복지부, 2020)

보건복지부와 한국건강증진개발원은 국민 건강증진을 위한 '한국인을 위한 걷기 가이드라인'을 제시했다. 걷기 가이드라인은 걷기 전문가의 의견을 수렴하고 보건복지부 영양·비만 전문위원회의 심의를 거쳐 마련된 것으로, 성인에게 필요한 걷기량, 올바른 걷기 방법, 걸을 때 주의사항 등 누구나 쉽게 익힐 수 있는 걷기 실천 방법을 담고 있다.

걷기는 누구든지, 언제, 어디서나 일상생활 속에서 실천할 수 있는 신체활동으로, 규칙적인 걷기는 모든 사망위험 감소, 비만 위험 감소, 8대 암 및 심장병·뇌졸중·치매·당뇨병 등 질환 발병위험 감소 효과가 있다. 또한, 걷기는 우울증 위험을 감소시키고 수면의 질을 향상해 정신건강 증진에 기여하고, 인지기능 향상에도 효과가 있다.

걷기 가이드라인에 따르면, 1주일에 빠르게 걷기(중강도 신체활동/걸으면서 대화할 수 있으나 노래는 불가능)는 최소 150분(하루 30분씩 주 5회 이상) 혹은 매우 빠르게 걷기(고강도 신체활동/걸으면서 대화 불가능)는 75분(하루 15분씩 주 5회 이상)을 권장한다.

걸을 때는 올바른 자세를 유지하는 것이 중요하다. 걷기 자세, 발의 동작, 걸음걸이, 팔 동작 등은 걷는 속도나 에너지 넘치게 걸을 수 있는 능력을 크게 좌우한다. 또한, 바른 자세로 걸으면 심호흡할 수 있고, 어깨와 목의 긴장을 풀어주며, 허리나 골반의 통증을 방지할 수 있다.

(시선)　10~15m 전방을 향한다.

(호흡)　자연스럽게 코로 들이마시고 입으로 내쉰다.

(턱)　가슴 쪽으로 살짝 당긴다.

(상체)　5도 앞으로 기울인다.

(팔)　앞뒤로 자연스럽게 흔든다.

　　　팔꿈치는 L자 또는 V자 모양으로 자연스럽게 살짝 구부린다.

(손)　주먹을 달걀을 쥔 모양으로 가볍게 쥔다.

(몸)　곧게 세우고 어깨와 가슴을 편다.

(엉덩이)　심하게 흔들지 않고 자연스럽게 움직인다.

(다리)　십 일자로 걸어야 하며 무릎 사이가 스치는 듯한 느낌으로 걷는다.

(체중)　발뒤꿈치를 시작으로 발바닥, 그리고 발가락 순으로 이동시킨다.

(보폭)　자기 키(cm)-100 혹은 자기 키(cm)에 0.45를 곱하고

　　　보폭을 일정하게 유지한다.

Chapter 3
나와 행발모, 걷기와 삶

행발모에서 행복을 생각하다

윤경용

'4월은 잔인한 달'April is the cruelest month, T.S. 엘리엇의 장편 서사시 《황무지》는 이렇게 시작된다. 4월만 되면 인용되는 이 구절은 생동감 넘치는 봄의 전령으로서 4월과 새싹을 움 틔우기 위해 얼어붙은 땅을 뚫어야 하는 처절한 몸부림이 시작되는 4월, 즉 상반된 의미의 4월을 시인은 '잔인한 달'이라는 단 한 구절로 표현했다.

> 4월은 잔인한 달.
> 죽은 땅에서 라일락을 피워내고
> 추억과 욕망을 뒤섞고
> 봄비로 잠든 뿌리를 일깨운다.
> 차라리 겨울에 우리는 따뜻했다.
> 망각의 눈이 대지(땅)를 덮고
> 마른 구근으로 가냘픈 생명만 유지했으니…

생명의 순환을 불교적 색채가 짙은 윤회의 관점에서 바라본 이 시는 표면적으로는 1차 세계대전 이후 황폐해진 유럽을 상징적으로 표현했지만, 동성의 연인을 전쟁으로 잃어버리고 방황하는 개인적인 회의도 담겨있다.

나의 2013년이 그와 비슷했다. 비상탈출구가 필요해 보였던 어느 봄날인 4월 1일, 봄비와 함께 배달된 편지에는 어쩌면 나에게는 달콤한 악마의 속삭임처럼 들릴 만한 이런 내용이 담겨있었다.

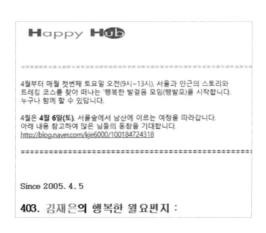

지금은 현직 국회의원인 당시 서 모 변호사, 나와는 고등학교 대학교 동창이다. 17~8년 전 그 친구의 권유로 우연히 참석하게 된 자격이 한정된 한 모임에서 만난 행복 디자이너 김재은 대표. 인연의 끈은 그렇게 맺어졌다. 그리고 수년 동안 매주 제비처럼 날아들던 행복한 월요 편지의 한 귀퉁이에서 내가 잠재적으로 바라던 탈출의 한 방법을 발견했다.

마치 악마의 속삭임 같았던 블로그 URL.
http://blog.naver.com/kje6000/100184724318
이곳을 누르고 빨려 들어갔더니 이런 구절이 나왔다.

좋은 사람들과 작은 스토리를 따라 걸어보자는 게 행발모의 작은 취지이다. 물론 함께 걷다 보면 한 주의 피로와 스트레스가 풀리기도 하면서 작은 치유 효과도 낼 수 있다.

내 눈길을 사로잡은 짧은 구절 '작은 치유 효과'…. 당시 내게 가장 절실히 필요했던 '치유'가 바로 여기 있을 거라 느꼈다. 최소한 시작은 이랬다. 그렇게 희미해져 가던 인연의 꼬리물기가 다시 시작되었고, 첫 번째 행복한 발걸음 모임 '행발모'는 시작되었다. 그것도 '당일 우천으로 연기'되어 4월 7일 일요일에….

나는 4월을 가장 사랑한다. 그리고 5월을 갈망한다. 나에게는 꼭 한 번쯤은 되돌아가 가고 싶은 어느 순간이 있다. 고3 수험생이었던 시절 1982년 4월 둘째 주 토요일, 두 번째 수업이 끝나고 쉬는 시간, 앞에서 두 번째 줄 창가에 엎드려 따스한 햇볕을 받으며 부족한 잠을 보충할 수 있었던 나른한 10분을 다시 한번 그 자리에서 맞이하고 싶다. 행·불행의 가치를 떠나 당시 나에게는 그 시간이 가장 행복한 시간이었다. 그래서 4월은 항상 나에게 되돌아가고 싶은 순간을 기억하도록 부채질한다.

행복과 불행이 종이 한 장 차이인 것을 느낀 것은 세월이 한참 지나서였다. 행복의 반대가 뭘까 라는 생각을 해보면 다음과 같은 문자에서 그 해답을 얻을 수 있다.

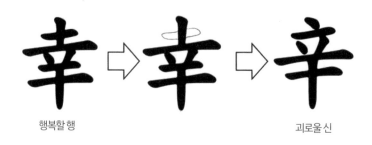

행복할 행   괴로울 신

행복할 幸(행)과 괴로울 辛(신)은 딱 한 끗 차이다. 괴로울 신에서 작대기 하나 그으면 행복할 행자가 된다. 작대기 하나가 행복과 괴로움을 구분 짓는다. 괴로울 신은 '맵다'나 '고생하다'의 뜻을 가졌다. 辛자는 노예의 몸에 문신을 새기던 도구를 형상화한 것이기 때문이다. 고대에는 전쟁포로나 혹은 약탈한 사람을 노예로 삼았는데 그때 노예의 표식을 이마나 몸에 새겼다.

辛자는 이 표식을 몸에 새기던 도구의 형상이다. 노예가 된다는 것은 혹독한 고통과 진저리 처지는 상황을 의미한다. 그래서 辛자는 '신맛'을 뜻하기도 한다. 신맛은 몸을 진저리치게 만들기 때문이다. 한 끗 차이라는 것을 긍정하면서도 과연 그러겠냐는 의문을 가졌다.

그렇게 김재은 대표와의 인연의 꼬리가 밟혔던 그해 겨울, 나는 세상에서 가장 행복한 나라로 여행을 떠났다. 그리고 그곳에서 2013년을 보내고 2014년을 맞이하며 무려 3개월을 지냈다. '부탄'이다.

인터넷에 검색하면 '부탄가스'가 먼저 나오고 뒤이어 수줍게 있는 듯 없는 듯 빼꼼히 얼굴을 내미는 바로 그 나라. 2011년 '세계에서 가장 행복한 나라'로 꼽혔던 나라다. 그 이후로 세계인들의 관심을 받으며 연구 대상으로 떠오른 나라. 나는 행복을 찾는 구도자로서도 아니고 현실을 피하고자 했던 도피자는 더더욱 아니었다. 그 나라 최초의 풍력발전 단지를 설계해 달라는 부탄 국왕의 요청에 의한 것이었다.

세계인들의 연구 대상인 부탄사람들 그리고 그들의 행복에 대한 가치관, 나도 알아보고 싶었다. 그래서 두말하지 않았다. 그런데 그들의 행복과 나의 행복이 완전히 다르다는 것을, 그리고 세상에서 가장 행복한 나라가 아니라는 것을 알아채는

데에는 그리 긴 시간이 걸리지 않았다. 그들은 행복이 뭔지를 몰랐고 그래서 불행이나 괴로움이 뭔지도 몰랐다. 그저 자기들의 땅에 붙어서 사는 것이 전부였다. 다른 나라에 대한 정보가 없었고 다른 나라 사람들이 어떻게 사는지 알 수 없었기 때문이었다. 열악한 자연환경 속에서 고립되어 있듯이 살아가는 그들이었다.

풍력 발전단지 설계는 부탄에 가기 전에 이미 끝냈기 때문에, 부탄에 가서는 전력청장과 산업부 장관을 만나 설명하고 나니 별로 할 일이 없었다. 3개월 동안 매일 했던 일은 수도 팀푸 둘레를 걸어서 한 바퀴 돌거나 가까운 높은 곳에 올라서 보는 것이었다. 말 그대로 세상에서 가장 행복한 나라에서 하루에 한 번씩 해발고도 3,123미터 고지까지 오르락내리락 하며 행복을 쥐어짜 보는 마치 수도승과 같은 삶을 체험했다.

매일 걷는 길 속에서 발견한 부탄인들의 삶의 방식과 풍습에서 그들이 왜 행복과 불행을 구분하지 못하는지를 찾아볼 수 있었다. 그들은 성씨가 없다. 아이가 태어나면 이름도 스님이 마치 제비뽑기하듯 정해준다.

성이 없다 보니 이혼해서 여자가 아이 양육권을 가져도 아이 아빠의 성 때문에 고민할 필요가 없다. 아이들은 학교에서도 아빠와 다른 성을 가진 스트레스를 받을 필요가 없다. 나아가 아이들 양육은 부모가 아니라 공동체 양육을 지향한다. 이러한 상황 속에서 그들은 극단적 불행히 뭔지를 잘 모르는 듯하다.

행복의 '행'을 키보드로 입력하려면 아이러니하게도 'god'를 입력해야 한다. 그런데 행복과 신GOD은 어떤 관련이 있을까? 매주 교회에 나가는 종교적 신념을 가진 사람에게 행복을 누리려면 어떻게 해야 할지 묻는다면, 답은 매주 교회에 나가서 신이 주는 은혜를 받고 하나님이 주신 은혜에 감사하는 것을 통해 행복을 느낄 수 있다고 말할 것이다. 그들은 하나님을 믿고 그들의 삶에서 일어나는 모든 일을 하나님과 연결해 감사해 하는 것 자체를 행복으로 느낀다.

그럼 종교적 믿음을 가지지 않은 사람은 행복을 느낄 수 없는가? 교회에 나가는 사람들은 대체로 그럴 거라고 하지만 그것은 사실이 아니다. 종교가 없어도 행복은 느낄 수 있다. 그들은 그들이 취한 선한 행동으로 무엇인가를 이루었을 때 행복하다고 생각한다. 또한 그들이 믿는 정당하고 선한 행동을 통해 더 나은 삶을 얻었다고 생각할 때 행복을 느낀다. 종교를 가진 사람이나 갖지 않은 사람이나 그들이 느끼는 모든 행복은 마음속에서 온다는 것이 유일한 공통점이다.

2009년은 내 인생에 있어서 '최악의 해'라고 해도 과언이 아니다. 어쩌다 보니 일이 좀 꼬이는 바람에 오랜 시간 동안 미국 조지아주 애틀랜타에 머무르게 되었다. 아는 사람이 아무도 없는 타국에서 무일푼으로 나 스스로 생활해야 하는 절박한 상황이었다. 그곳에서 알게 된 Mr. Ali Raza라는 사람은 내가 머무는 동안 불편함이 없도록 아낌없이 나를 도와주었던 최대 후원자였다.

재력가로 50대 후반이었시만, 당시 40대 중반의 나보다도 훨씬 젊고 역동적인 삶을 살고 있었는데 저택의 2층을 통째로 내게 내주었다.

거의 매일 한 끼에 300달러가 넘는 고급 식당에서 저녁을 내게 사주는 그에게 내가 물었다.
"혼자 사는 게 외롭지 않나요?"

나의 단순하고도 맹한 질문에 그는 이렇게 답했다.
"혼자 사는 것이 더 편할 때가 많다. 외로움을 느끼면 여자친구도 만나고 운동

(스쿼시)을 열심히 하면 된다. 그런데 일하다 보면 외로움을 느낄 새가 없다. 일하는 것이 나에게는 곧 행복이기 때문이다."

다시 물었다.
"정말로 일하는 것이 행복이라면, 돈은 많이 벌지만 일하면서 엄청난 스트레스를 받는 당신 고객들은 행복하다고 생각할까요?"

그는 이렇게 답했다.
"내 고객들은 모두가 엄청난 재력을 가진 사람들이고, 수십만 달러가 넘는 자동차를 마치 액세서리처럼 바꾸는 사람들이다. 그 사람들은 그 비싼 자동차를 사고 소유하는 것에서 행복을 느끼기 때문에 일하고 돈 버는 것에서 행복을 찾는 나와, 돈 쓰며 행복을 느끼는 그 사람들이 가진 행복의 기준은 다르다고 본다. 행복은 나 중심의 행복이다. 오로지 나만 알고 느끼기 때문이다."

당시에는 Mr. Raza가 가진 행복에 대한 관점을 이해하지 못했지만, 부탄에서 마주친 까마귀발 여인네를 보고서야 그 때 얘기한 행복의 척도를 이해할 수 있었다.

소위 쪼리 슬리퍼Flip-flop sandal를 신고 흙먼지 나는 비포장도로를 다니면서 흙먼지와 땀이 뒤범벅되어 더러워져 까마귀발이 된 부탄 여인은 그 까만 발을 별반 부끄러워하지도 않고 최소한 겉으로는 행복한 모습이었다. 내 기준에서는 이해가 안 되는 모습이고 이유도 모르겠다. 그러나 그 여인은 온전히 자기중심에서 자기 자신으로 살아가기 때문에 그들만이 느끼는 정신적 행복을 가지고 있지 않을까 생각했다.

그렇다 부탄 자신들이 만든 국민총행복 지수GNH: Gross National Happiness를 계량화해 공식 발표했을 때 부탄은 '국민 97%가 행복하다' 했다. 세상에서 가장 행복한 나라였다. 그러나 2017년 보고서를 보면 부탄의 행복 지수는 97위로 한국의 55위 보다 낮다. 이미 세계에서 가장 행복한 나라는 아닌 것이다.

이렇게 변한 이유는 인터넷을 통해 글로벌 경제체제에서의 고립으로 인한 국가 위상 하락, 존재감의 부재, 경제적 빈곤, 낙후된 산업 등 비참한 국가 현실지표를 많은 국민이 인터넷을 통해 인지해버린 것이다.

그들은 외국 문물 유입에 의한 전통문화 파괴를 우려하여 TV와 인터넷을 금지하다 2000년에 들어서야 허용했고, 휴대전화도 2003년에야 허용되었다. 즉 글로벌 세상의 실상에 대해 보이는 게 없었으니 제대로 된 판단도 못 했을 것이다.

그럼에도 불구하고 자신들은 행복하다고 한다. 물론 부탄식 행복과 한국식 행복의 기준점은 절대로 비교할 수 없을 만큼 다르다. 정신적 안정과 풍요를 행복의 기준으로 둔 부탄과 물질적 풍요에서 행복이 시작된다고 보는 한국식 기준이 완전히 다른 것이다. 그렇다, 행복의 기준이 다르므로 진정 우리보다 행복한지는 물어봐야 알 일이다.

'Soon it shall also come to pass.' (이 또한 지나가리니)

나의 2013년, 이 글귀를 가장 소중히 간직했다. 지금도 그렇다. 불행이 찾아와도 언젠가는 이 또한 지나가리니 하고 생각하며 견디고, 가장 행복한 순간이 찾아와도 이 또한 지나가리니 하며 행복한 순간이 가버렸을 미래를 준비한다.

행복은 항상 내 마음속에 있고, 그 마음을 찾아가는 데 있다. 행복을 찾으러 구도자처럼 멀리 갈 필요도 없고, 내 마음속에 머물러 있는 행복을 끄집어낼 필요도 없다. 그저 행복이 흘러나오도록 내가 살아가면 되는 것이다.

대학에 입학하여 민주화를 향한 학생운동의 열기가 격렬했던 1983년 4월의 마지막 일요일로 기억되는 날 아침, 가벼운 봄옷을 한 벌 살 요량으로 자양동 집에서 나와 신흥교통 57번 버스를 타고 청계천 평화시장에서 내렸다. 옷 사는 것은 포기하고 여기저기 헤매다가 장충단 공원으로 향했다. 조금은 차갑지만 훈훈한 봄바람과 따스하게 스며드는 햇볕은 몸을 노곤하게 했다. 벤치에 기대어 앉아 라일락 꽃향기에 취해 있었던 그날이 왜 지금 떠오르는 것일까.

라일락 꽃향기는 정말로 취해버릴 만큼이나 달콤하고 강하고 신선하다. 그리고 셀 수도 없는 많은 가수가 라일락 꽃향기를 노래했다. 포근히 코끝으로 전해오는 라일락 꽃향기에 취해 나른한 4월의 오후를 즐기던 그 순간이 가장 행복한 때가 아닐까 하는 생각을 해본다.

고등학교를 갓 졸업한 나에게 그 시절 내가 배웠던 행복은 교과서에 나온 유치환의 시 '행복'에서의 그 행복 밖에는 없었다. 그것이 전부인 줄 알았다.

사랑하는 것은
사랑받느니보다 행복 하나니라
(중략)
사랑하였으므로 나는 진정 행복 하였네라.

그런데 달달한 행복과 쓰디쓴 괴로움은 실상은 한패였다는 사실을 그때 알았다.

향기에 취해 나도 모르게 문득 깨물어본 라일락 잎사귀…. 상상을 초월할 정도로 썼다. 첫사랑 실연의 그 맛이 바로 라일락 잎사귀의 쓴맛이라더니 이 정도 일 줄이야. 라일락꽃은 무엇보다 향기롭고 달콤하지만, 그 잎사귀는 그 어느 것보다도 쓰다. 이런 극과 극의 상황이 어찌 한 곳에서 일어나는가.

그 쓴맛의 뇌 새김은 일주일이 가도 지워지지 않았다. 행복의 바로 뒷면에 그 쓴맛이 있다고 생각한다. 행복에 너무 취하면 쓴맛을 모른다. 한 끗 차이로 불행이 시작되면 그것은 어떤 것보다도 더 쓰다. 행복은 달지 않다. 행복할 때 잘해라…. 달콤한 행복에 너무 취하면 곧장 쓰디쓴 괴로움이 바로 앞으로 다가선다.

라일락꽃을 보면서 행복과 괴로움은 항상 함께 있다는 사실을 깨닫고 나서야 행복할 때 괴로울 때를 준비해야 한다는 것을 알았다. 그리고 다시 삼십 년이 지나서야 '이 또한 지나가리니'가 이해되었다. 행복은 내 마음에서 찾아야 한다. 그리고 행복은 소중히 다뤄야 한다. 아직은 내 마음 가는 대로 행복이 나를 따라주지 않는다. 그리고 준비해야 한다.

행발모가 행복을 주지 않았고, 행발모에서 행복을 찾을 수도 없었다. 그러나 행발모 그 자체가 주는 행복은 없지만, 그로 인한 행복은 많이 있다. 행복한 마음으로 참가하고 또 걸으면서 내 마음속에 자리 잡은 행복을 찾아내야 하는 것이다. 그래서 '행복을 발견하는 모임'이라는 별칭이 생겼는지도 모른다.

그래서 행발모는 항상 어디로 갈지, 누구를 만나게 될지, 어떤 인연으로 이어질지 모른 채 시작된다. 마치 세렌디피티처럼…. 우연에서 얻은 뜻밖의 행운, 그것이 행발모에서 찾을 수 있는 진정한 의미의 행복이라 생각한다.

나는 행발모에서 내 인생에서 가장 큰 인연을 만났고, 그 인연이 지금도 이어지고 있고, 앞으로도 이어질 것이다. 그 이어질 인연이 바로 나에게는 또 다른 행복이다. 그러길 빌고, 또 그렇게 되도록 준비할 것이다.

'치유'에 꽂혀서 시작된 나의 행발모, 이제는 치유를 넘어 행복의 숨겨진 얼굴을 조금이나마 볼 수 있을 것 같다. 똑같이 생긴 달이 사람마다 달리 보이듯 행복도 순전히 내가 생각하기 나름이기 때문이다. 이러한 행복의 비밀 같은 진리를 조금 아는데만 수십 년이 걸렸다. 그래서…. 순전히 제하기 나름이라서….

행복은 종류가 많다.
유치환의 '행복' 마지막 싯 구절도 진정한 행복의 하나일 뿐이다.
순전히 나 중심의 행복이기 때문이다.

행발모, 내 삶의 즐거운 변화의 중심!

흥인 박종선

좋은 사람은 좋은 사람을 만나고, 마음이 따뜻한 사람은 마음이 따뜻한 사람을 만난다. 그저 평범하게 살아온 나에게 어느 날 나에게 마음이 따뜻하고 좋은 인연이 나에게 다가왔다. 그때는 나는 내가 이런 삶을 살아갈 줄은 전혀 생각지 못했다

행복 디자이너 김재은 대표를 행복한 발걸음 모임에서 만난 지 어언 9년이 되었다. 이제 행복한 발걸음 모임(행발모)이 10주년이 된다고 하니 누구보다도 축하해주고 싶다.

참으로 지구는 빨리도 돈다. 처음 김재은 대표를 만났을 때 그저 말 잘하는 그런 친구로만 생각했다. 그런데 이 친구, 만나면 만날수록 참으로 진국이다. 우리가 처음 만난 그때로 거슬러 가보자.

나는 그저 평범한 직장인으로 샤시 제조하는 회사에서 임원으로 일하고 있었다. 삶의 즐거움보다 직장생활의 무료함이 삶에 녹아있는, 한 가정의 가장으로 의무

를 다하는 고만고만한 장삼이사의 삶이었다. 취미생활도 별로 없이 가끔 관악산 자락 호암산 호압사라는 절에서 국수봉사를 하며 하루하루를 지내고 있을 무렵, 한 지인의 소개로 김재은 대표를 만나게 되었다.

김재은 대표를 만나기 전의 삶이 인생 1라운드라면 만남 이후, 즉 행복한 발걸음 모임 참석 이후의 삶은 인생 2라운드라고 말하고 싶다. 처음으로 세상 밖을 걸은 그때는 그냥 즐거웠다. 많은 사람과 걷는 것이 나에게는 그리 흔치 않은 일이었다.

처음 행발모에 참석하기로 하고 김재은 대표에게 연락을 취하고 무엇을 가지고 갈까 고민해 보았다. 마침 아내가 공무원 생활을 정리하고 김밥집을 운영하고 있었는데 그 김밥을 준비해 가면 좋겠다는 생각이 들었다. 첫 번째로 참석한 그날 토요일 아침, 김밥을 20여 줄 준비해서 즐거운 마음으로 출발장소로 향했다.

처음 참석하니 아는 사람도 없고 왠지 낯설었지만 의지할 사람은 오로지 김재은 대표! 참석한 사람들에게 나를 소개하여 인사를 하게 되었고, 나는 김밥 한 줄씩 나눠드리며 '흥인 박종선'이라고. 그 후로 김밥 아저씨, '흥인 박종선'으로 인식된 것 같다.

그렇게 시작된 '김밥 아저씨'와 행발모의 삶이 엊그제 같은데 벌써 지내온 세월이 9년째란다. 그저 사람들을 만나 걷는 게 전부인데, 어느 날부터 그 매력에 빠져 매월 첫 번째 토요일을 나도 모르게 기다리게 되었다. 내가 살아오면서 이렇게 기다리며 사는 삶이 있었을까.

아무튼 행발모에 참석하면서 나에게 많은 변화가 생겼다. 그때까진 그냥 직장에 왔다 갔다 하며 아는 사람들과 어쩌다 만나 술 한 잔할 정도의 평범한 샐러리맨의 삶이었다. 하지만 행발모 참석 이후 사회 각 분야의 훌륭한 사람들을 만나면서 자연스럽게 나의 인간관계가 넓어졌고, 그에 따라 나의 삶이 한 단계 나아지고 있음이 느껴졌다. 만나는 사람들과 즐거운 소통을 통해 마다 삶의 행복도가 높아지고 있다는 생각에 이르자 나에게 이런 삶이 다가온 것이 얼마나 고맙던지⋯.

또한 나는 체력이 그리 좋은 편은 아니었는데 행발모는 물론 자매단체라 할 수 있는 산사랑을 만나 체력을 보강할 수 있는 좋은 계기가 되었다. 산행 모임인 〈산사랑〉은 행발모와는 달리 '산을 오르는 모임'인데 처음엔 행발모와 비슷할 거라고 착각하기도 했다. 어쨌거나 산사랑에도 행발모에 참석하는 사람들이 많아 함께 친분을 나누기에 큰 어려움은 없었다. 하지만 산사랑 참여를 통해 나의 저질 체력은 분명히 확인되었다.

처음으로 함께 한 포항 내연산이 생각난다. 누가 뭐라 하든 절대 만만치 않았던 산을 오를 때, 뒤에 처져 쩔쩔매고 있었을 때 힘과 용기를 준 사람도 행발모에서 인연은 맺은 사람이었다. 이렇게 등산에 초보였던 내가 그 후로 산행 경험이 쌓이면서 이제는 그리 어렵지 않게 산을 오르는 '산악인(?)'이 되었다. 물론 어떤 산도 그리 쉽게 오를 수 있는 산은 없지만⋯.

정리하면 행복한 발걸음 모임 참여가 계기가 되어 나는 불가능을 가능으로 만들어가는 즐거운 삶을 살아갈 수 있게 된 것이다. 광청 종주, 한강 50km 걷기, 백두산, 한라산, 지리산, 설악산 공룡능선⋯. 옥스팜 100km 걷기 완주, 히말라야 안나푸르나 트레킹 등이 내 삶에 이어졌다.

모든 게 행발모와의 인연 때문에 찾아온 행복이었다. 웃으면 복이 온다고 했던가. 입꼬리만 살짝 올려도 우리 뇌는 웃는 것으로 안다지만 사실 우리 삶 속에 웃을 일이 얼마나 있겠는가?

하지만 늘 긍정적인 마인드로 세상을 살아가다 보면 웃을 일이 많아지는 것도 사실인 것 같다. 행발모 참석 이전에는 웃을 일이 그리 많지 않았는데 그 이후 긍정적인 자세로 웃으며 살아가는 나의 모습을 발견하곤 한다.

그렇다. 모든 일들은 나 자신이 만들어 가는 것이다. 행복하다고 생각하면 한없이 행복해지고 불행하다고 생각하면 한없이 불행해지는 것이 삶의 이치인 듯하다.

행복은 스스로 만들어 가는 비타민 같은 것, 바로 행복한 발걸음 모임에 참석하면서 나는 나도 모르게 비타민 같은 존재가 되어버렸다. 자신을 항상 소중히 여기며 사는 삶, 더불어 사는 삶을 살아가고자 애쓰는 내 자신의 변화가 스스로 놀랍고 대견하다.

거기에 남을 위한 배려를 아끼지 않는 모습으로 변화해가는, 예를 들면 호압사에서 매주 일요일 콧노래를 부르며 즐거운 마음으로 국수 봉사를 하는 삶이라니…. 얼마나 즐겁고 고마운 삶이랴. 도움을 받는 삶보다 기꺼이 즐겁게 도움을 주는 삶을 통해 더 큰 행복을 느끼게 된 것도 행발모 이후의 삶이다.

공자께서 말씀하셨다.

"일생의 계획은 어릴 때 있고
 일 년의 계획은 봄에 있으며
 하루의 계획은 이른 아침에 있다."고.

나는 항상 이 말을 명심하며 살아가고 있다. 많이 늦었지만 일의 즐거움도 발견했다. 행발모 처음 참석할 무렵 (아내가) 시작한 김밥전문점이 9년이 지난 지금 6개로 늘어나는 괄목상대할만한 결과로 이어졌다. 물론 새벽부터 밤늦게 까지 땀 흘려 일한 결과지만 얼마나 즐겁고 고마운지 모른다. 전부는 아니라 해도 그 중심에 '행발모'와의 인연이 있음을 결코 부인할 수가 없다.

글을 마무리하며 작은 다짐을 한다. 나는 앞으로 내가 걸을 수 있는 그날까지 행복한 발걸음 모임에 '세 가지 마음'으로 함께 하려고 한다.

처음의 다짐을 잃지 않는 초심(初心)!
모든 일에 최선을 다하는 열심(熱心)!!
끈기 있게 함께 하고 마무리하는 뒷심!!!

이 세 가지 마음으로 나의 삶은 물론 행발모의 길에 초석이 되려 한다.

그 처음이 생각난다.
만 원의 행복으로 걸으면 걸을수록 행복해지는 모임,
행복을 발견하는 모임! 행발모와 함께 하는 삶!!!
이보다 더 살만한 게 있을까.

울릉도/독도 행발모 (2022년 7월)

유기원

울릉도에서 마지막 일정을 마치고 사동항 여객터미널이다.

섬 일주 유람선과 행남등대길, 전망대 등 볼만한 곳을 두루 보았다.

섬 일주 유람선에서 본 울릉도의 풍광은 최고였다.

쪽빛 하늘과 하늘이 그대로 내려앉은 듯 바닷물도 쪽빛이다.

유람선에서 사람이 주는 먹이를 채 먹으려 갈매기는 몰려들고

손끝의 과자를 물고 비상하는 갈매기는 기쁜 듯 끼루룩 끼루룩 거린다.

낯선 이들과의 같이 어울림도 여행의 특별함을 더해 준다.

낯섦과 어색함을 넘어 친해지려 하기보다 있는 그대로 같이 어울려

7월 1일 밤 11시 20분부터 7월 4일 자정까지 일정을 같이 했다.

특히 어제 성인봉을 26명이 같이 했는데

진행 대장과 협력해 주신 분들의 협조로 즐겁고 좋은 산행이 되었다.

모두 안전하게 산행을 마치고 저녁을 같이했다.

오후 4시 30분
후포행 여객선(후포항까지 2시간 40분 정도 소요)을 타고
울릉도를 나가면 언제 다시 올지 모르겠지만
울릉도는 자연경관이 아름다운 특별한 곳이다.
계절을 바꾸어 다시 찾고 싶다.

사동항에서 후포항 가는 배 파도가 없다.
일렁 일렁일 뿐 바람이 없다. 넘실 넘실 넘실댈 뿐
주름진 물결 위 하얀 여객선 자국
바다는 흔들 흔들 하얀 자국 지우고
다시 일렁 일렁, 넘실 넘실 거린다.
(사동항을 떠나 1시간 30분쯤 지나 후포항으로 가고 있는
배 안에서 바다를 바라보며…)

나의 행발모

김정이

내가 처음부터 운동을 못했거나 안 했던 것은 아니다.

초등학교 때는 국가대표를 꿈꾸며 제법 촉망받던 운동선수였으니까.

그렇다고 특별히 운동을 잘했다기보다는, 당시 배구팀 지도교사였던 담임 선생님께 차출되어 배구를 하게 되었다. 그때는 키가 큰 편이라 맨 뒷줄에 앉은 덕분에 선생님의 눈에 딱 걸려들었던 거다. 그 후 육상대회에도 곧잘 불려 나가곤 했다. 순전히 키가 크다는 이유로.

물론 운동 신경이 남들과 비교하면 떨어지는 것은 아니었지만 그렇다고 뛰어난 것도 아니었음을 용기를 내어 고백한다. 배구 또한 그리 잘하진 못했는데 선생님은 나를 주장을 시켜 팀을 이끌게 하고, 운동장도 돌고 계단도 뛰어오르게 했다. 마치 지금의 국가대표들처럼.

당시엔 우리나라 여자배구가 국제대회에서 날리던 때여서 텔레비전을 통해 경기를 지켜보던 나는 가슴이 두근두근 설레기도 했다. 나도 장차 조혜정 선수처럼 되는 건 아닌가 하며 쓸데없는 헛물을 켰던 시절이 떠오른다.

세월이 흘러 흘러 이제는 학교 운동장을 머리카락 휘날리며 뛰고 달리던 나는 없다. 버스정류장에서 버스 꼬리도 못 잡고 주저앉는 아·줌·마일뿐이다.

무료하고 평범했던 어느 날~.
남편의 걷기 모임에 따라나섰다. 남편은 사업과 관련하여 한참 지치고 힘들어하고 있을 때였다. 성격도 나서는 편이 아니어서 굳이 사람들을 찾아 만나려 하지 않던 사람이 행복한 발걸음 모임의 초대장에는 무슨 맘이 동했는지 가볼까 하고 나서는 길이었다.

저 또한 육아와 집순이 탈출의 기회가 이때다 싶어 친구들과 동행하면서 걷기 모임은 시작되었다. 물론 집주변에 잘 가꾸어진 산책로가 지천이지만 굳이 시간 맞춰 걷기 모임에 나간 것은 다름 아닌 사람들 때문이다. 그곳에 낯설고 처음 보는 사람도 있고, 언니나 동생 같은 반가운 분도 있고 또는 개구진 오라비 같은 분도 있고, 트레킹화에 운동복차림이면 모두 다정한 이웃처럼 스스럼없지만 한 분 한 분 면면을 보면 각각이 멋진 삶 멋진 인생을 살아온 대단한 분들이라는 것에 새삼 놀라게 된다.

사람이 온다는 것은 실은 어마어마한 일이다.
그의 과거와 현재와 그리고 그의 미래와 함께 오기 때문이라고 어느 시인이 말했듯이 걷기 위해 모여든 나와 그들은 우주와도 같은 존재들이다.

우리는 함께 그 찬란하거나 수줍거나 상처투성이의 과거를 끌어안고 현재를 뚜벅뚜벅 걸으며 알 수 없는 미래를 향해 나가고 있는 것이다. 걷다가 나누어 먹는 간식이나 막걸리 한 잔은 덤이다.

걷자생존!
건강을 위한 최소한의 움직임,
즉 인간의 기본 직립보행이야말로 생명을 살리는 길임을
직설적으로 표현한 것이리라.

누우면 죽고 걸으면 산다!
또한 저처럼 게으르고 운동을 안 하는 사람에게
어서 일어나 걸으라고 재촉하는 채찍 같은 말이다.
이제 게으름을 떨치고 일어나 걸어야겠다.
걷기 위해 살기 위해~^^.

행발모 111번째 발걸음에 아내와 동행하다

한봉수

걷자생존!

걷자행복!

행복한 발걸음 모임, 행발모(대표 김재은)의 구호이다.

오늘 〈행발모〉 111번째 발걸음에 수년만에 참여했다.

오전에는 대청댐 푸른 물 따라 초록 산 둘레를 걸었다.

오후 일정은 역사에 관심 많은 나에게 더 의미 있게 다가왔다.

대전 대덕구 계족산 장동산림욕장을 통하여 산성의 정상에 오르는 일정이다.

정상을 두른 산성 모양이 닭발 닮아 '계족'이라 부르나?

'족'을 상상하며 만든 초입의 '황토 진흙 길 걷기' 길은 기발한 창의적 발상에서

나왔지 않나 생각해 본다.

지리 · 역사에서 영감을 받고 스토리를 만들고 그를 형상화하는 가운데

멋진 창조가 이루어진다.

황톳길을 맨발로 걷다 보니 황톳길 종점에서 행운을 만났다.

'작동 숲속의 무대'에서 정진옥 오페라팀의 공연을 만났다.

주로 오페라와 뮤지컬의 하이라이트 곡들이라 흥겹고 익숙했다.

코로나 이후 2년 반 만에 공연이라서 그런지 배우들도 무척 흥분된 거 같다.

우린 모두가 행복했다.

세렌디피티의 하루 아닌가?

행발모의 신화, '뜻밖의 행복을 더하여 만나는 하루'이다.

오늘 오전에는 대청댐 1구간 호구가 둘레길을 산들 산들 풀잎 따라 걸었고,

오후엔 초록 숲길 따라 황토 진흙밭을 질퍽질퍽 걸었다.

그래도 오늘의 하일라이트는 백제의 숨이 담긴

계족산성의 정상에 오르는 것이다.

나는 산성의 정상에서 회원들 앞에서

계절과 분위기에 어울리는 두 편의 시를 낭송했다.

서정주의 신록(남모를 사랑 노래)과

이기철의 풀잎(민초의 아픔과 생애)이다.

걷기의 기적

서정문

사람은 누구나 걷는다. 걷는 건 쉬운 일이다. 세 살 어린아이도 할 수 있는 가장 기본적이고 단순한 행동이다. 하지만 걷는 게 그렇게 단순하지도, 거저 얻어진 능력도 아니다. 동물 중에서 걸을 수 있는 건 인간이 유일하다. 가끔 원숭이 같은 유인원들이 걷는 흉내를 내지만, 인간처럼 걷는 건 불가능하다. 인간이 걸을 수 있게 된 것은 적어도 수십만 년의 진화 과정을 거쳐 얻어진 특별한 기술이며 능력이라고 봐야 한다.

걷는 건 기적이다. 우리는 매일 걷기만 해도 매번 기적을 체험할 수 있다. 똑같은 길을 걸어도 계절에 따라 시간과 기상 조건에 따라, 매일 새로운 것을 발견하고 새로운 사람들을 만난다. 자동차로 가면 아무것도 보이지 않던 것들이 천천히 걷다 보면 새롭게 내 눈에 들어오고 말을 걸어온다. 인간은 걷기를 통해 수많은 길을 만들었고, 문명을 만들었고 인간을 인간답게 만들었다. 수많은 현자가 길을 나섰고, 길을 걸었고, 길을 만들었다. 위대한 것들은 모두 길에서 이루어졌다.

걸을 수 있다는 게 얼마나 감사할 일인가? 누구나 걸을 수 있는 건 아니다. 아프거나 다쳐서, 이러저러한 장애로 걷지 못한다고 생각해 보라. 걸을 수 없는 사람들에게 세상은 그야말로 다가갈 수 없는 장벽이다. 걸을 수 있다는 것, 걸어서 산과 들, 자연과 생명, 이웃을 만날 수 있다는 것 하나만으로 우리는 모두 축복받은 존재다. 이게 기적이 아니고 행복이 아니라면 무엇이란 말인가?

그런데 현대인은 이런 기적을 외면한다. 옛날에는 십 리 길도 걸어서 다녔지만 요즘 현대인은 한 정거장도 걷지 않으려 한다. 요즘같이 교통이 발달한 시대에 걷는 일은 시간 낭비라고 생각한다. 걷는 일을 귀찮아하고 하찮게 여긴다. 하지만 지금처럼 걷지 않으면 발은 점점 퇴화하여 걷는 능력이 사라질지도 모른다.

우리의 행발모 대장인 덕장 김재은은 매일 걷는다. 매일 걸으면서 행복을 발견하고 그 행복을 나눠준다. '행발모'는 말 그대로 '행복한 발걸음 모임' 또는 '행복을 발견하는 모임'으로 걷기의 즐거움과 걷기의 행복을 찾아준 귀한 모임이다. 더 많은 사람이 행발모에서 행복과 기적을 체험하길 바란다.

걷는 것 자체가 가장 좋은 운동이며,
기도이고 명상이며 수행이다.
걸을 수 있을 때 감사한 마음으로 걷자.
그리고 매일 기적을 체험하자.

잡초

서정문

평생 그 흔한 이름조차 가져본 적이 없지
매일 짓밟히고 베어지고 태워져도
아무도 너의 고통을 모른다

애초부터 좋은 터는 바라지도 않았어
콘크리트 제방 바늘 구멍만한 틈
길가의 메마른 땅에서도 한마디 불평도 없이 살아왔지

아무도 알아주지 않아도
생명의 그림자도 없던 아득한 그때부터
거친 땅을 갈고 푸르게 가꾸어 온 것은 너희들이었다
자신의 몸을 내어주어
온갖 풀벌레들과 짐승들을 먹이고 키워온 것도 너희들이었다

잡초, 너는 나의 피와 살
너를 가만히 바라보면 눈물이 난다

내가 행복한 발걸음 모임에 계속 참여하는 이유

김완수

세종로국정포럼에서 진행(사회)을 맡은 (사)행복플랫폼 해피허브 대표인 김재은 행복 만들기 위원장이 진행하는 '행복한 발걸음 모임'(행발모) 행사에 참여한 지도 어언 5년여가 되었다.

행발모는 건강과 친목을 위해 매월 첫 번째 토요일에 정기적으로 진행하는 걷기 행사다. 주로 수도권 주변의 둘레길 등을 중심으로 진행하며 버스로 이동하여 지역의 둘레길 등을 걷는 소풍 행사도 진행하고 있다. 참가자들이 편하게 함께 할 수 있도록 3대 원칙을 정하여 자율적으로 진행한다. 먼저, 걷기 좋은 코스를 추천받거나 정해서 집결 장소와 시간을 공지하고 자율적으로 모이는데 집결지는 주로 수도권 전철역이나 대중교통 정류장으로 정한다.

대신에 시간은 정확하게 준수하도록 하여 다른 참여자들에게 피해를 안 준다. 특별한 경우를 제외하고는 사전 신청받지 않기 때문에 누가 얼마나 참석할지 모르기 때문에 모임 현장에서나 참여자 파악이 가능하다. 대략 20~30명 정도가 모이는데 광릉수목원 탐방시는 100명 이상이 모이기도 했다. 참가자는 간식과 식수를 준비하여 참여하면 된다.

두 번째로는 사전 답사하지 않기 때문에 방문 경험자나 리더인 김 대표가 스마트폰 앱으로 코스를 찾아 진행하니 그 또한 재미가 있다.

세 번째로는 점심 식사 장소를 미리 정하지 않고 가다가 맛집이나 인근 지인이 추천하는 곳에서 함께 하며 점심값은 각자 부담 원칙이다. 때로는 그 지역 참가자가 막걸리나 안주를 협찬하기도 하여 참가자의 부담을 줄이고 있다.

1년에 몇 차례 진행하는 버스를 이용한 지역 소풍도 특별한 재미를 느낄 수 있다. 2022년에는 우리 지역 병점역에서 집결하여 인근 독산성 길을 안내하기도 하였고, 그해 가을에 진행한 문경새재길 걷기는 기억에 남는 명 코스였다.

개인적으로 걷기 운동을 시작한 지 15년 이상 되었다 걷기 운동을 시작한 계기는 여주시에 근무하면서 시내 관사에 혼자 거주하게 되니 시간적 여유가 있어 시작하였다. 새벽에 일어나 인근 세종대왕릉과 효종대왕릉이 있는 영릉을 다녀오면 1시간 정도 소요된다.

걷기 운동하면서 그날에 할 일들을 생각하면서 일 처리 계획도 사전에 미리 생각하니, 일석이조의 효과를 보게 되어 가능한 한 빠지지 않고 실시하였다. 당시 새벽에 영릉 소나무 숲에서 뿜겨져 나오는 피톤치드 향은 지금도 생각하면 기분이 좋아진다.

이런 습관은 퇴직 후에도 걷기 코스를 정해서 지속적으로 하고 있다. 현재 거주하는 경기도 화성시 병점에서 인근 화성, 오산지역 공원들을 중심으로 8개 걷기 코스로 정하여 매일 순번대로 걷고 있다.

제1코스는 화성시 병점동 구봉공원으로 7km 정도 되며 구봉산 둘레길과 정상에 정자가 있다. 제2코스는 오산시 외삼미동 죽미령 평화공원으로 8km 정도 되며 6·25전쟁이 UN군 초천기념비와 정상에 대형 태극기가 항시 게양된 전망대가 있다.

제3코스는 오산시 세교동에 있는 죽미공원으로 7km 정도 되며 정상에 정자가 있고 부근에 있는 꿈두레 도서관이 있다. 제4코스는 오산시 지곶동 독산성으로 9km 정도 되며 보적사 절과 세마대지가 있다. 제5코스는 오산시 양산동 근린공원으로 부근 작은 공원들이 분포되어 있어 7km 정도 걷는다.

제6코스는 오산과 화성시의 경계인 삼미천 뚝방길과 인근 아파트 공원으로 7km 정도 걷는 코스다. 제7코스는 화성시 병점동 유앤아이 주변 공원으로 걷기코스와 화성시농업기술센터 도시농업지원센터가 잘 조성되어 있어 7km 정도 걷는 코스다. 제8코스는 화성시 진안동 다람산 공원으로 진안도서관과 정자, 체육공원 걷기 코스가 있어 8km 정도 걷는다.

이렇게 코스를 정하여 순번대로 걸으면 지루함도 없고 오늘은 어디로 갈까 하는 망설임도 없어 효과적이다. 이렇듯 걷기운동은 내 건강을 지키고 지인들과 즐겁게 어울릴 수 있는 행발모! 내가 계속 함께 하는 이유가 여기에 있다.

(국제사이버대학교 웰빙귀농조경학과 교수/ 前 여주시농업기술센터소장)

서울은 다 연결되어 있네!

김병영

10년 전 산수유의 노란 꽃망울이 성근 초봄, 서울숲에서 시작한 행발모. 옅은 황사, 아직 찬 기운이 남아 있는 공기, 낯선 이들을 만나는 멋쩍음, 시작하는 설렘을 기억한다. 지하철을 타고 간다. 버스를 타고 간다. 운전해서 간다. 목적지로 간다. 나에게 지하철이 서지 않는 곳, 버스정류장이 없는 곳, 주차하지 않는 곳은 단지 목적지를 가기 위해 지나치는 곳이었다.

서울숲에서 시작해서 응봉, 옥수, 남산까지 이어 걸었던 첫 행발모. 발길이 닿는 곳이 목적지고, 시선이 머무는 곳이 목적지가 되었다. 자세히 보아야 예쁘고 느리게 걸어야 보인다. 멈춰야 몰입하고, 몰입해야 각성한다. 그날 가지 않던 길로 느리게 걸어가다 깨달았다. "서울은 다 연결되어 있네!!"

행발모에서는 마음껏 해찰할 수 있다. 오고 감에 구속이 없다. 목적지가 있으되 가는 곳이 정해지지 않았다. 행복이 그 이름으로 내로라하지는 않을 것이나, '행복한 발걸음 모임'은 행복과 많이 닮았다. 앞으로 10년, 20년 계속하여 많은 이들이 행복 찾는 모임이 되길 기원해 본다.

소중한 인연, 행발모

정은서

아는 사람 한 명 없는 낯선 모임,

많이 생소했지만, 지인이 광명동굴에 구경가자고해서 53번째에 진행하는 [행복한 발걸음 모임-행발모]에 참석했다. 2017년 5월이었다.

철산역에서 만난 낯선 사람들, 지인 덕분에 긴장감은 사라졌지만, 여전히 서먹한 분위기, 하지만 특별히 준비된 버스로 동굴까지 편하게 갈 수 있었던, 첫 번째 느낌은 나름 괜찮았다. 진행자인 덕장님의 선한 웃음과 인사말에 어색함 속에서도 친근한 분위기 속으로 빠져들었다.

나처럼 처음인 사람, 여러 번 함께 한 사람들이 뒤섞였지만 점심을 먹으면서는 이미 알고 지낸 것처럼 편안한 분위기, 겁 없이 다음에도 이 모임에 참석해야 하겠다는 마음이 들었다.

함께 했던 지인은 그 후로 참석하지 안 했지만, 나는 우선으로 이 걷기 모임에 참석하려고 시간을 내어 태백산 금대봉 야생화 소풍도 다녀오고, 봉화 외씨버선길, 안면도, 낭만의 춘천호반 등 여러 곳에 함께 했다. 여러 사정으로 많이 참석하진 못했지만 늘 반갑게 맞이해 주는 사람들이 있으니 참 좋다. 이제는 몇몇 반가운 얼굴을 기억하게 되었고 안부 인사도 물어가며 함께 하곤 한다.

행발모는 어떤 누구라도 참석하면 환영해주고, 참석하지 않는다고 해서 불편하게 하지 않는 편안한 모임이다. 걷고 싶어도, 가고 싶어도 어떻게, 어디를 가야 할지 모를 때 편안한 길을 걷게 해주고 또한 함께 걸을 수 있어 행복하다. 걸을 때 온전하게 나에게 집중할 수 있고, 나의 생각을 정리할 수 있어 몸과 정신이 건강해지는 숭고한 걷기야말로 정말로 행복한 발걸음이다.

행발모는 나에게 다가온 세렌디피티Serendipity, 예기치 않은 즐거움이다. 나만이 갖고 싶은 케렌시아Querencia, 나만의 안식처이다. 10년 120회를 변함없이 늘 같은 마음으로 이끌어 가는 행복 덕장님께 존경과 감사를 표한다. 앞으로 20년, 30년 아니 50년 쭈욱 이어가길 소망한다.

한마디 덧붙이면 2022년 12월 3일 117회 화성 성곽길 걷기로 진행한 송년 행발모, 수인선 전철 배차간격이 드물어 약속보다 늦게 도착했지만 웃으면서 맞이해 준 덕장님과 모든 분께 감사를 드린다. 그날 첫눈의 흔적도 만나고 월드컵 16강의 승전보로 들뜬 기쁨을 함께 나누며 걸었기에 더욱 특별한 시간이었다. 멋진 분들과 잊지 못할 행복한 시간을 보냈으니 기억에 남는 2022년의 마무리였다.

나의 행발모

박혜민

내가 행복한 발걸음 모임에 처음 참석한 것은
2022년 12월 수원화성 성곽길을 걸었을 때였다.

그전에도 모임이 있는 것은 알고 있었지만 참여할 여건이 되지 않았다.
그래서 지켜만 보다가 마침 시간도 맞고
평소 관심이 있었던 장소라서 참여하게 되었다.
참여 이후 앞으로도 계속 함께 하고 싶다고 생각하게 되었다.
이 모임이 '나의 삶과 참 닮았다.'는 생각이 들었기 때문이다.

설렘을 안고 출발한 길이지만 좋은 일만 생기지는 않는다.
때로는 예상치 못한 일이 생기기도 한다.
우선 많은 사람과 함께 하다 보니 만나서
이동하는 것부터가 쉽지 않았다.

길을 헤매서 어떤 길로 가야 할지 모르는 때도 있었다.

기대했던 풍경이 생각만큼 아름답지 않은 예도 있었다.

추운 날씨에 피곤하고 기분도 가라앉아

그저 목적지에 도착하기를 바라며 걷기도 했다.

하지만 예상하지 못했던 길을 가면서

더 새로운 경험과 아름다운 풍성을 볼 수 있있다.

포기하지 않고 가다 보면 결국은 목적지에 도착하고

그동안의 수고가 자양분이 되어 더욱더 성장한 나를 느낄 수 있었다.

앞으로도 이 모임과 함께 하며 다양한 장소와 사람을 만나고

삶의 의미를 깨닫고 싶다.

걷는 인생

혜문 김명진

인생은 걷는 것이다.
어디로 걸을지 얼마나 걸을지 모른다.
걷고 또 걷다 보면 길이 생긴다.
그저 나만의 길을 걸어보는 것
그렇게 걸으면 인생이 된다.

인생은 우리가 걷는 것과 같다.
시작할 때, 우리는 어디로 가야 할지, 얼마나 멀리 갈 수 있는지,
무엇을 마주칠지 모르지만, 그냥 걷기 시작한다.
그리고 또 걷는다.
그 과정에서 우리는 새로운 길을 발견하고,
다양한 인연을 만나며, 시행착오를 겪으면서 성장한다.
이렇게 걸어가면서 우리는 점점 더 많은 선택의 기회를 얻게 되고,
결국에는 우리만의 길을 찾아 나선다.

그러나 이 길은 새롭고 불안정하며, 우리의 선택에 따라 전혀 다른 방향으로 나아갈 수 있다. 우리는 그저 앞으로 나아가기만 하는 것이 아니라, 자신만의 길을 걷는 것이 중요하다. 그렇게 하면 우리는 더 이상 다른 사람의 시선에 영향을 받지 않고, 자기 삶을 살 수 있다.

이러한 선택의 과정에서 얻어진 경험과 지혜는 우리의 인생을 더욱 풍요롭고 의미 있게 만든다. 따라서 인생은 그저 걷는 것이 아니라, 우리 자신의 길을 찾아 나아가는 것이다. 그렇게 해서 우리는 진정한 의미의 인생을 살아갈 수 있다.

인생과 걷기는 많은 유사점과 차이점이 있다.
먼저, 인생과 걷기는 둘 다 시작이 중요하다. 걷기도 인생도 어디서부터 시작할지, 어디로 가야 할지, 얼마나 걸어야 할지를 결정해야 한다. 그리고 시작하면서 둘 다 불확실성과 불안정성을 경험할 수 있다. 걷다 보면 비가 올 때도 있고 땅이 울퉁불퉁할 때도 있다. 인생도 마찬가지로 언제 어떤 문제가 발생할지 알 수 없다.

하지만 걷기와 인생은 그 후 경험과 성장에서 차이를 보인다.
걷다 보면 다양한 경험을 쌓고 새로운 길을 발견하며, 걷는 방법을 개선하며 성장할 수 있다. 인생도 비슷하다. 삶의 다양한 경험을 통해 인간성을 더욱 발전시키고 자신만의 가치관을 만들어 나갈 수 있다.

또한 걷기는 자유로운 선택을 허용한다.
내가 어디로 걸을지, 언제 쉴지, 어떤 속도로 걸을지를 내 마음대로 결정할 수 있다. 이처럼 인생도 자유로운 선택을 허용한다. 내가 원하는 삶의 방향, 가치관, 목표를 스스로 정하고 그에 따라 나아갈 수 있다.

하지만 걷기와 인생은 또한 다른 점도 있다. 걷기는 단순한 행위이지만, 인생은 훨씬 복잡하다. 인생에는 사회적인 제약과 규칙이 존재하며, 외부적인 환경과 인간관계 등이 영향을 미친다. 걷기는 우리의 자유로운 선택에 따라 진행되지만, 인생은 완전한 자유가 주어지지 않는다.

또한 걷기는 몸으로 이루어지지만, 인생은 정신적인 면도 매우 중요하다. 걷기는 건강에 직접적인 영향을 미치지만, 인생은 내면의 성장과 감정적인 안정도 매우 중요하다.

종합적으로, 인생과 걷기는 시작점과 불확실성, 경험과 성장, 자유로운 선택 등 많은 유사점을 가지고 있지만, 인생은 걷기와 달리 사회적인 제약과 복잡성, 내면적인 성장과 감정적인 안정의 중요성 등 다른 면도 있다는 것을 알 수 있다.

하지만 인생을 걷듯 자신만의 길을 걸으면서, 다양한 경험과 성장을 겪고 내면의 안정과 강한 인간성을 갖춰가는 것이 중요하다. 그리고 이를 위해 항상 자신의 가치관과 목표를 재고하며, 자신에게 맞는 선택과 방향을 찾아 나아가야 한다. 이렇게 인생을 걷듯 자신만의 길을 찾아가면, 보다 의미 있는 삶을 살아갈 수 있을 것이다.

고도 익산을 걷다

박순천

화창한 가을날 고도 익산으로 행발모 특별한 나들이를 다녀왔다. 백제고도 익산에 간다는 소리에 흔쾌히 동행하였다. 평소 유적지에 대한 호기심이 많아 국보 289호 왕궁리 5층 석탑을 직접 볼 수 있어 서울에서 출발하면서부터 설렘이 가득했다. 발굴하기까지 상당 시간이 걸렸지만, 지금은 왕궁리 유적지를 찾는 사람이 많다고 한다.

백제의 석탑은 기단에서 상층 부까지 5층으로 구성되어 있다. 백제 석탑의 백미 왕궁리 5층 석탑을 가로질러 좌우로 펼쳐진 들녘을 바라보며 왕궁리 유적지의 정원유적과 곡수로를 지나 북문지로 이어지는 길까지 걸어가며 백제의 왕궁터를 상상해 보았다. 평야 지대에 세워진 왕궁은 한양에서 접하는 배산임수의 지형이 아닌 평지 위에 세워졌으리라.

차량이 지나는 도로 한편으로 길을 걸어 석불입상이 있는 고도리로 이동하였다. 다리를 사이에 두고 서로 마주 보고 있는 두 개의 석물 입상은 마치 서로를 그리워하며 마주하는 견우와 직녀같이 보였다. 석불의 형태로 그동안 많이 보았던 석불상과는 달리 아주 길쭉하고 단순한 형태를 하고 있다.

익산 고도리 석조여래입상은 매년 음력 12월이 되면 만나서 회포를 풀고 새벽에 닭이 우는 소리가 들리면 제자리로 돌아갔다는 전설이 전해진다. 이 석상이 특별한 이유는 머리에서 받침돌까지 돌기둥 한 개를 사용하여 만들었는데 머리 위에 높고 네모난 갓 모양의 관을 쓰고 있다. 고려시대의 석불은 신체를 단순하게 표현하고 큰 돌을 사용하였는데 익산 고도리 석조여래입상 또한 커다란 돌로 만들었다는 점에서 같다고 할 수 있다.

일행이 익산토성을 올랐다. 사적 제92호로 지정된 익산토성은 오금산에 있다. 고구려 안승이 세운 보덕국의 성이라는 의미로 보덕성이라고 불렀다. 오금산성을 오르는 길은 가파르나 그리 높지는 않았다. 산 정상에서 금마 평야의 황금 들판과 파란 하늘이 맞닿은 정상에서 자리를 펴고 앉아서 각자 싸서 온 점심을 서로 나누어 먹었다.

익산토성에는 서동과 선화공주의 전설이 내려오고 있다. 서동과 첫날밤을 보낸 선화공주가 왕비가 준 '황금'을 보여주며 장터에서 팔아오라고 했다. 그러자 서동은 마를 캐던 오금산에서 흔하게 볼 수 있다며, 금 다섯 덩어리를 신라 왕궁으로 보냈다. 이 일로 서동은 신라 진평왕에게 사위로 인정받게 된다.

오금산성은 지혜를 최대한 활용한 포곡식으로 축성되어 백제인의 지혜를 엿볼 수 있는 곳이다. 점심을 먹고 굽이진 산성을 한 바퀴 돌아내려 왔다.

내려오는 길 축대 돌구녕에서 뱀의 허물을 보았다. 새로운 삶으로 다시 태어나기 위해 허물을 벗고 어디서 동면을 준비하고 있을까? 신라와 백제의 사이에서 왔다 갔다 왕래했을 이름 모를 백성들이 머릿속에 떠올랐다.

산성을 내려오는 길에 서동이 마를 캐어 홀어머니를 지극 정성으로 봉양할 때 하늘도 감복하였는지 마를 캐던 산에서 금 다섯 덩이를 얻어 훗날 임금이 되었다는 전설을 품고 있는 그곳에 지금은 대나무 숲이 자리 잡고 있는데 지금도 야생마가 군락을 이루며 자라고 있다.

구룡마을 대나무숲은 추노의 촬영지이다. 익산시 금마면 신용리 구룡마을 대나무 숲은 전체 면적이 5만 제곱 미터로 한강 이남의 최대 대나무 군락지이다. 대나무가 주는 바람 소리가 추노의 장면을 그리기에 충분했다. 영상 중 한 장면에 얼굴을 넣고 추억의 사진도 찍어 보았다. 마지 무사처럼 촬영 소품으로 놓인 기다란 칼을 들고 포즈를 취해 보았다. 쭉쭉 뻗은 대나무 숲을 지나 돌담을 지나 오래된 느티나무 아래서 잠시 쉬어간다.

오랜만에 시골 마을 길을 걸어본다. 햇실조차 담벼락에 피어나는 이름 모를 야생화를 비추고 있다. 산길을 한참을 걸어가니 어느새 미륵사지 9층 석탑이 보인다. 단풍나무 사이로 복원을 마치고 단아하게 우뚝 솟아 있는 미륵사지 9층 석탑이 반듯하게 서 있다.

예전에 왔을 때는 복원 중이라 칸으로 가려져 있었다. 오랜 세월의 흔적을 깨끗이 세척이라도 했는지 오히려 낯설게 다가왔다. 복원이라고는 하지만 뒷부분은 완전한 복원이 아니다. 흩어진 돌 무더기 속에 영원히 자리 잡지 못한 군상들도 있으리라.

새롭게 문을 연 국립익산박물관을 둘러보았다. 고도 익산을 걸으며 발걸음 하나하나 이야기가 탄생한다. 행발모 덕장의 생가 함열읍 와리 중촌마을 방문도 인상적이다.

감나무엔 감이 주렁주렁 달려 있다. 누님이 사다 놓은 초쿄파이와 주스에는 정겨움이 가득하다. 근처 함라 향교와 삼부잣집을 둘러보았다. 한옥 체험관에서는 다양한 민속놀이 체험을 할 수 있었다. 그중에서도 손을 묶고 엉덩이를 내려치는 곤장 대가 인상적이다.

음악 소리가 들린다. 현지 기타동아리 아우라의 공연이다. 관객 없이 썰렁하던 공연장에 우리 일행이 들어서자 공연자들의 연주가 살아나는 듯하다. 덕장의 생일 축하 노래도 즉석에서 연주해 주었다. 해가 지고 있다.

황금 노을을 보기 위해 금강 웅포 곰개나루로 이동했다. 노을은 볼 수 없었지만 해가 지는 금강을 배경으로 추억의 사진을 찍었다. 참으로 길고도 짧은 고도 익산의 황금 도보 루트를 걸었다. 마치 백제인이 되어 옛것으로 시간여행을 다녀 온 느낌이다. 감사한 하루이다.

나의 걷자생존

장민석

60년을 부지런히 걷고 또 걸었다.
아들로서 아빠로서 남편으로서 자신을 살피기보다
역할자로서 책임을 다하기 위해 일상에서 걷고 또 걸었다.
때론 뛰었다.

나는 그곳에 없었고 역할자만 있었다.
어느 순간 나는 많이 지쳐있었고 그런 내가 보였다.
그때 나는 주변을 천천히 돌아보았다. 어렴풋이 길이 보였다.

나를 위해 선택한 것이 나를 느끼며 걷는 것이었다.
이전처럼 나를 소모하는 걸음이 아니라 나를 바라보며
주위와 함께하며 나를 채워가는 걸음을 걷는 것이었다.

그때 그곳에 행발모가 나에게 들어왔다.

모임 취지대로 행복을 발견하며 걷는 길이 보였다.

여기에는 오고 감에 걸림이 없다.

모임이라는 틀로 사람을 가두지 않는다.

매월 첫째 주 토요일이라는 기본원칙만 있다.

그곳에 행복디자이너 김재은이라는 소중한 인연이 있다.

가는 사람 잡지않고 오는 사람 막지 않는다.

인연의 흐름에 맡길 뿐이다.

모든 것은 각각의 인연의 접점이 있다.

내 영혼의 갈망과 선택이 청와대 길을 여는 번개모임으로 시작이 되었고,

시작의 길은 점점 넓어져 큰 길이 되고 있다.

나에게 이 모임은 조건 없는 인연들과의 행복한 동행이고,

스스로 자기에게 시간을 주는 여행조차 못 하는 나를

가까운 곳에 공존하는 축복의 시공간으로 데려다주는 인도자였다.

연천의 선사유적지, 대전 계족산 황톳길 걷기, 문경새재와 오미자 와인과의 만남, 금강의 가을 단풍길, 수원의 아름다운 성곽길 등 다양한 선물을 선사했다.

보생와사步生臥死라고 스스로 외쳐본다.

건강하게 행복하게 살다 돌아갈 길로 기쁘게 돌아가자.

그 여정에 행복하게 함께 걷는 인연들이 있다.

행발모는 깊어가는 인생 가을 길을 충만하게 행복하게 채워주는 축복이다.

행발모 단상

정헌석

행발모라는 단어는 무엇보다 듣기에 좋다. 언뜻 '행복을 만들어내는 모임'으로
와닿는데 뜻은 '행복한 발걸음 모임'의 약자란다.

처음엔 '발걸음이 행복해진다.'라는 말인지 '행복이 발걸음을 따라온다.'라는
겐지 아리송했고 여러 차례 회원들과 발걸음을 함께 하면서 도대체 행복이 어디
에 있길래 행복한 발걸음이라 부르는가 하고 의아했다.
아닌 말로 깔창에, 아니면 뒷굽에 붙어 온다는 말인지….

참! 그러다 회를 거듭하며 "아하! 이거 어디에서 불어오는 봄바람이지?"
봄이 아닌 서늘한 가을임에도 따뜻함이 온몸에 제법 휘감아대는 사실에 퍼뜩
놀랐다.

따뜻함이란 무엇인가? 마음을 공부하고 가르친답시고 많은 사람을 만나며 크게
느낀 건 사람들이 따뜻함에 사족을 못 쓴다고나 할까, 껌뻑 죽는 사람이 많다고

나 할까, 몹시 감동하는 모습들이었다. 그 따뜻함이 행발모 회원들과 거닐 때마다 몸에 휩싸이는 경험을 나는 늘 겪곤 하였던 것이었다.

과연 따뜻함은 어떤 위력을 가져올까를 알아보느라 자진해 만나는 이웃을 열심히 챙겨주고, 따뜻한 정을 보내는 분에게는 종종 "참으로 따뜻한 분이시네요."라 건네면 얼굴이 금세 밝아지면서 큰 상금이라도 받은 양 좋아하는 것이었다.

최고의 감동은 우리나라 법조계의 거인이자 감사원장을 지낸 분과 만나고 난 후이었다. 그분은 오래 전 우리 대학 임원이었다. 기획처장 재직 시 종종 만나 뵈었다.

그러다 언젠가 단둘이 만나며 겪은 이야기이다. 주로 여럿이 함께 만났지만 모처럼 단둘이 만나자 무슨 말을 드려야 할지 좀체 입이 안 떨어졌다.
때마침 평소 나를 따뜻하게 대하시던 모습이 떠올라
"원장님!" "네" 다시 크게 "원장님!" 하고 목소리를 다듬자
"말씀하세요."라고 부드럽게 말해 조심스럽게 말을 꺼냈다.
"이런 말씀을 드려도 괜찮은지 양해해주시길 바라고요. 원장님은 평생 차갑고 딱딱하고, 재미없는 법률만 만지신 분 아네요"
그러자 "기래서요?"라고 음성을 높이며 언짢아하는 기색이 역력하였다.
이어 손가락으로 왼쪽 가슴을 가리키며
"그런데 그런 분이 어쩌면 요 가슴에 따뜻함이 가득 차 있대요, 참으로 놀랐습니다."라고 말을 마쳤더니 깜놀의 표정이었고 금방 안색이 환해지는 것이었다.
그 따스함이 다시 피드백되어 올 때 나도 덩달아 기분이 좋아졌다.

문제는 이것으로 끝이 아니었다. 그 후 일 때문에 그분의 사무실을 잠깐 방문한 후, 가겠다고 나서자 참으로 놀랄 일이 일어난 것이었다.

사무실은 원로 고문이라 깊숙한 안쪽에 모신 탓으로 엘리베이터와의 거리가 제법 먼, 100여 미터쯤 떨어진 곳이라 하면 거품이 셀까? 꽤 먼 거리임에도 한사코 따라 나오셔서 "이제 됐습니다, 들어가시지요."라 권해도 막무가내 따라 나오시는데 "세상에!" 엘리베이터에 올라탄 후에도 안 돌아가시는 것이었다. 이윽고 내 머리카락이 완전히 안 보이자 돌아서는 기색이었다.

아마도 이런 배웅은 VIP나 국무총리급 이상의 분에게나 가능함직 한데 10년 후배이자 사회적 신분으로도 모심을 받을 위치는커녕 귀한 분으로 깍듯이 잘 모셔도 모자랄 판임에도 되레 귀한 대우를 받다니 어이가 없었고 그분의 인품이 태산같이 높아 보였다.

그 후 방문할 때마다 꼭 격조 높은 배웅을 마다하지 않으심에 이 모임에서 체득한 따뜻함의 위력을 실감했다. 70여 평생에 이런 분을 만났는 건 엄청난 행운이자 축복이었다. 곧 행발모의 큰 뒷받침 덕분이었다.

남한강 물소리 길

최종엽

계묘癸卯년 1월 첫째 주 토요일 오전, 눈 덮인 남한강 물소리 길을 사람들과 함께 걸었습니다. 행복을 발견하는 발걸음 모임의 행복한 사람들과 함께 겨울 강을 따라 여유롭게 양평을 걸었습니다. 길을 걸으며 논어 어구 하나가 생각났습니다. 논어 자한 편에는 춘추시대 공자께서 고향 곡부曲阜 도읍의 북쪽을 흐르는 사수라는 강을 건너면서 툭 던졌던 한마디가 기록되어 있습니다.

"가는 게 이와 같구나. 밤낮 쉼이 없네."
서자여사부 불사주야 逝者如斯夫 不舍晝夜

세월의 흐름이 쉼 없이 흘러가는 저 강물과 같구나. 봄 여름 가을 겨울, 낮이건 밤이건 단 일각의 순간도 쉬지 않고 흘러가는 게 시간이구나. 세월이란, 우리의 인생이란, 모두 이와 같구나. 시간은 강물처럼 흘러만 가는데….

500여 년 전, 율곡 이이 선생께서도 외갓집 강릉에 가면서 한강을 지났을 것입니다. 강을 건너며 '가는 게 이와 같구나. 밤낮 쉼이 없네.'라는 말을 했을 것 같습니다. 200여 년 전 열수 정약용 선생께서도 양수리 두물머리 넓은 한강을 보면서 '가는 게 이와 같구나. 밤낮 쉼이 없네.'라고 했을 것 같습니다. 요즘도 많은 사람이 흘러가는 강을 바라보면서 '가는 게 이와 같구나. 밤낮 쉼이 없네.'라는 말을 하고 있습니다.

정초 남한강 물소리 길을 사람들과 함께 걸으며 율곡 선생을 생각합니다. 정약용 선생이 떠오릅니다. 아니 공자께서 걸었던 그 강이 다가옵니다. 어떻게 사는 삶이 좋은 삶인가. 어떻게 시간을 보내는 것이 행복한 삶인가. 답이 없는 인생길에 답을 생각하려니 부담스럽지만, 답이 없을 때는 질문이라도 해야 할 것 같습니다. 질문을 던지면 생각하게 되고 생각하면 길이 보일 수도 있기 때문입니다.

행복을 발견하는 발걸음의 행복한 사람들과 함께 함께 걷는 '행발모'에는 묘한 매력과 힘이 있는 것 같습니다. 강물처럼 흘러가는 시간을 다시 인식하게 해주는 힘, 바람처럼 흩어지는 시간을 다시 다잡아주는 힘, 말 없는 자연이 주는 든든한 느낌, 한 달에 한 번씩 쏘여주고 들려주는 자연의 공기 샤워, 생각하기 어려운 걸 생각하게 해주는 길, 그 길을 함께 걸을 수 있는 고리가 바로 행발모에 있었습니다.

행복해서 길을 걷기도 하지만 길을 걸으면 행복합니다. 길은 강을 주기도 하고, 산을 주기도 하고, 들과 바다를 주기도 합니다. 오르기도 하고 내리기도 하면서 그간 쌓였던 각박한 삶의 각질을 벗겨주기도 합니다. 관계를 바라는 이에게는 사람을 이어주고 정을 이어주고 인연을 만들게 해주기도 합니다. 혼자 걷기를 바라는 사람에게는 그만의 공간을 서로 지켜주고 그만의 시간을 서로 배려해 주기도 합니다. 그러니 모인 사람들은 초면이어도 어색하지 않고 구면이어도 부담스럽지 않습니다. 앞서서 걸어도 뒤에서 걸어도 경쟁하지 않기에 모두 모두 평화롭습니다.

'행발모'는 정해진 규정이 없어 늘 자유로운 마음이 가능한 걷기 모임입니다. 사전에 참석 여부를 알리기 싫으면 그냥 조용히 있다 행사 당일 쓱 나타나도 마치 약속이나 된 일처럼 모두 반갑게 맞이해주는 월간 모임이기도 합니다. 누가 올지도 모르고 무엇을 먹을지도 모르고 어디를 들러서 누구를 더 만날지도 모르는 미리 결정된 것이 없는 걷기 모임이지만 듬성듬성 참가할 때마다 늘 재미와 의미와 행복을 주는 참 편안한 걷기 모임입니다.

한 달에 한 번씩 만날 수 있는 길의 공간이 열려있다는 건 누구에게나 기회입니다. 누구에게나 행복입니다. 누구에게나 인생을 사색할 수 있는 시간이기에 더욱 그렇습니다. 다른 사람과 비교나 경쟁은 우리를 힘들게 하지만, 나와의 경쟁은 그렇지 않습니다. 어제의 나와 오늘의 나를 비교해보는 것은 건강한 일입니다. 지난달의 나와 이번 달의 나를 비교해보는 것은 행복한 일입니다. 길이 그것을 만들어줍니다. 그 길을 걷게 동기를 주고, 그 길을 찾아주는 '행발모'가 있어 매달 첫째 주 토요일이 기다려지는 이유입니다.(孔道 최종엽)

행복한 발자국 모임은 '관계의 맛'이다

김동현

매달 첫째 주 토요일은 꿀맛처럼 달콤함 여행이 찾아온다.

좋은 신발이 좋은 곳으로 인도하듯이
좋은 여행이 나를 좋은 곳으로 인도한다.

먼저 '관계의 맛'이다.

각양각색의 다양한 분들이 선한 영향력을 가진 덕장님들이 많다.
교수님부터 사업과와 예술가 등등.

최근 전시한 최원일 대표의 '길 위에서 만난 인물 사진 전시회'가
바로 다양한 인생의 맛과 멋을 길 위에서 만난 생생한 인물 이야기를
보고 들을 수 있었다.

둘째, 나에게 행복 씨앗이다.

'아바타' 영화에서 물속 생명의 씨앗이 나온다.
매달 첫째 주 토요일 여행은 행복한 씨앗을 받아 가는 것이다.
행복한 만남은 숨플레이스(공간)를 만든다.

결국은 사람이다.
얼마전 '나무' 특강을 해주신 현익화 박사님이 말씀해주신 것처럼
나무들이 언더그라운드 네트워크하는 것처럼
버섯균이 나무간 서로 영양분을 땅속에서
전달하듯이 이 모임에서는 서로에게 행복 긍정에너지를 충전해준다.

나무잎이 흔들림에도 이유가 있다.
사시나무가 떨리는 이유는
아래잎에 햇빛을 주기위해 떨듯이,
여행은 다양한 다른 사람과 부딪치면서
서로의 떨림을 통해 울림을 알아가는
소중한 기회이자 따뜻한 유자차와 같다.
이렇듯 행복한 발걸음 모임은 '관계의 맛'이다.

길이 있고 나는 걷는다

우귀옥

누죽걸산 (누우면 죽고, 걸으면 산다)

우리 동네 뒷산 정자 기둥에 큼직하니 걸려있는 문구다.
그걸 보노라면 걷지 않고는 못 배길, 걷지 않으면
마치 죄인이 될 것 같은 기분이다.
오죽하면 저런 말이 나왔을까,
걷기가 사람의 목숨을 살릴 만큼 좋다는 것이겠지?
그리하여 나는 오늘도 걷는다.
어디 나 뿐인가?
집 부근에는 걷기에 좋은 환경들인 경춘선 철길공원과 중랑천 길이 있어서
살기 위해, 건강하게 살기 위해 걷는 이들로 사시사철 북적인다.

내 사진 속에는 유난히 길 사진이 많다.
굽은 길도 있고 시원하게 벋은 길도 있고 안개에 가려 끝이 흐려진 길도 있다.

특히 오래된 철도 침목이 처연하게 드러난 기찻길의
그 부드럽게 휘어진 철로를 찍을 때엔 저 길을 달렸을
수많은 시간 속의 추억까지 담아보는 것이다.

길과 이정표….
어느 여행길에서든 나는 왜 이정표를 그렇게 좋아하는지 모르겠다.
친절한 안내자의 마음을 읽으면서도 나만의 방향대로 뛰쳐나가고
싶기라도 한 것일까.

옆 동네 공원 입구에 세워진 세계도시로 향하는 이정표 기둥과
먼 나라 이스라엘 성지 어느 수도원에서 만난, 세계 각지로 향한
옥상 바닥의 이정표도 얼마나 내 마음을 설레게 하였는지 모른다.
마을에서 지구별까지 어디든 걸어서 달려서 하늘까지라도
닿을 것만 같은 마음인 것이다.

내가 걸어온 오랜 세월의 길처럼 내 삶에도 굽이굽이 길이 있었겠지.
알기도 했고 모르고 지나오기도 했을 숱한 길들….
그 수많은 선택을 거듭하여 지금에 이르렀고
나는 지금 얼마나 안도하고 있는지 잘 걸어왔노라고 다독이면서.

생각이 비슷한 사람들이 만나서
세상을 걷는 '행복한 발걸음 모임'(아직도 정확한 이름이 헷갈리지만)이
좋아서 함께 하고 있다.
좋은 사람들이 아름다운 자연을 찾아 몸과 마음을 모아가는
소중한 모임으로 계속 이어지는 이곳에서
오래도록 같이 행복했으면 하는 바람이다.

나와 행발모, 10주년을 축하하며

이지수

나의 첫 행복한 발걸음 모임은 2022년 9월 3일이다.

그러나 그보다 훨씬 이전…. 생애 첫 행복한 발걸음을 인지하기 시작한 때는 대략 30년 전 즈음 중학교 등굣길이었을 것이다. 그때 어떻게 발걸음의 감정을 인지할 수 있었을까? 나는 다른 감정이 나를 감싸는 순간, 어? 이건 무엇일까? 하며 촉을 새우는 버릇이 있었다. 종종 떠올려보던 그때를 묘사하면 이렇다.

답답한 아파트 엘리베이터에서 나와 햇살을 받고 깊이 숨을 들이마실 때, 살짝 설레는 기분이 감돌고 동시에 발걸음이 인지된다. 그날부터 난 같은 시간 같은 곳에서 나의 발걸음을 인지하는 나만의 놀이를 만들어야 했다. 특히 지금 행복해지고 싶을 때, 가장 쉽게 행복에 이르게 해주는 것은 발걸음, 숨, 햇살, 그리고 그것에 내맡김임을 이른 나이에 깨닫게 되었다.

이와 같은 이유로 이름 때문에 설렘을 갖고 이 행복한 발걸음 모임에 참여했을 것이다. 지금까지 애정하고 참여하고 있는….

함께 길을 나서는 산뜻한 발걸음, 고정된 나와 신선한 자연이 만나서 나오는 숨, 항상 그 빛깔을 달리하는 햇살, 거기에 맛있는 점심과 기가 막히게 찾아가는 맛집 식당, 여기서 만나는 인연들의 반가움, 언제 생길지 모르는 돌발상황, 단합보다 중요한 개인, 한 개인의 얼굴이 크게 나오는 단체 사진, 그 속에서 기록되는 사진들 속 나의 모습, 특별한 여행으로 이끌어주는 안내자 선생님들…. 헤아려보면 끝도 없을 행복의 무엇들이다.

어디를 갈지 몰라, 누가 올지 몰라, 무엇을 경험하게 될지 몰라, 무엇을 먹을지도 몰라, 다 몰라인 대장님의 담담한 말은 들을 때마다 내가 가장 좋아하는 말로, "다 괜찮아."로 들린다. 그래서 항상 나도 괜찮다. 모두 다 까지는 아니어도, 평상시 나라면 짜증 날법한 일도 여기서는 "뭐, 괜찮아."라고 생각하기 일쑤다. 그리고 쓰윽 눈치를 보면 다들 나와 같은 뉘앙스다. 올해엔 가장 태양이 뜨거운 6월이나 7월에도 꼭 참여해봐야겠다. 이것은 나를 알기 위한 테스트다.

길을 나선다. 내일이 두려워도 내일이 오듯, 이 길이 아무리 좋아도 지나가야 한다. 왔던 길을 돌아가기보다 안 가본 길로 나아간다. 유명한 스팟도 좋지만, 정취가 느껴지는 풍경에 마음이 머문다.

인생의 여정에 매월 첫째 주 토요일 '행발모'를 두고 사는 삶이 어떤 의미가 있는지 나는 알고 있는 듯하다. 현재는 내가 최연소이다. 미래에 내가 최고참이 됐을 때 삶에 행발모가 어떤 의미일지 궁금해진다. 그때에도 이런 기회가 있다면 멋지게 정리해서 써보겠다. 지금 최고참이신 분들과 대장님의 글이 궁금해진다.

행발모 만세!

걷기는 나의 운명, 나의 삶!

오창곤

3월, 봄이구나! 한겨울 추위가 끝나고 꽃피는 춘삼월이다.
개나리 진달래 목련이 가슴으로 인사하는 설렘과 기다림의 봄…!
아름다운 길을 따라 걷고 싶다.

서울 목동의 용왕산 둘레길.
걷다 보니 겨울의 적막을 깨는 풀과 나무 흙의 기운이 발밑에서 올라온다.
한강의 여여함과 유유함을 닮았는지, 말이 없지만 부드럽고 상냥하다.

아름답다! 수많은 이웃이 발자국을 남기며 걸었던 이 길,
나도 이 길을 따라 엄마의 등에 업히듯 따스한 온기를 느끼며,
한 바퀴 두 바퀴… 천천히 걸으며 재미와 꿈을 발견한다.
마음을 챙기며, 고요하게 나와 삶의 존재를 깊이 탐색해보는 오솔길 걷기다.

걷는 중에 마음 챙김은 그분(神)과 동행한다고 한다. 기독교의 순례길이 그렇고,

불교의 깨달음의 길도 그러하다. 걷기는 많은 종교 전통에서 순례자로 여겨진다. 성경 〈시편〉은 신과의 동행을 찬미한다. 초기 기독교인들은 길 위의 순례자들이었다. 길을 걸으면서 침묵, 기도, 명상에 잠긴다.

'애담 포드'는 그의 책, 《침묵의 기쁨》에서 걸으면서 빠지는 침묵은 평화 창의성 지식 내적인 힘이 우러나오는 시간이라고 했다. 흙을 밟고 물오르는 나뭇가지를 보면서, 마음으로 메시지 깨달음 사랑을 보내본다.

10년간 시종여일 매달 첫 주말 함께 걸었던 "행발모(행복한 발걸음 모임)"의 여정도 깨달음, 나눔, 사랑의 시간들이었을 것이다. "당신은 요즈음 무슨 생각을 하세요?" 묻기도 하고, 편안히 걷고 호흡하고 일행들의 삶의 모습을 보면서 생각이 단단해진 세월이었다.

영혼이 맑아지고 세상을 멋지게 바라보는 안목을 키웠다. 걷는 걸음만큼 생각하고 생각하는 만큼 나의 몸과 마음이 부유해졌다. 삶의 원초적 기본적 모습으로 한 발 한 발 옮기며, 자연과 하나가 되어갔다.

누가 나올지 모르는 매월 걷기 모임에서 진정한 선물은 매번 새롭게 달라지는 워킹메이트walking-mate, 모임이 주는 진정한 선물이다. 발길을 재촉하여 출발장소에 도착하면 그날의 도반道伴들이 나를 반겨준다. 서먹하던 아침 분위기와는 달리, 걸으며 이야기를 나누고, 맛난 꿀 오찬에 막걸리라도 한 잔 두 잔 돌리다 보면, 어느새 오래된 친구 사이가 되어버린다.

걸으면서 꽃, 나무, 돌, 새, 냇물과 함께한 도반들이 어우러져, 하나가 되는 경험을 하게 되고, 그 자연과 하루 일상이 각자의 핸드폰 속에 사진으로 담겨, 다녀온 뒤에는 와자지껄 한바탕 앨범 전시회로 그 날 행발모가 마무리된다.

그런 아름다운 모임의 여정이 '23년 4월로써 벌써 10년, 120여 회라는 아름다운 발자취를 남기게 된 데는 德藏 咸悅 金在銀 도사道師님의 강인함(熱心)과 꾸준함(恒心)이 있음을 항상 감사하게 생각한다. 민초 도반들의 건강한 걸음들이가 앞으로도 꾸준히 쭈욱 이어지길 힘껏 응원한다.
行함이 있어서, 幸이 이어지는 "행발모"!

걷기에 대한 아련한 추억 하나!
눈이 쌓여 푹푹 발이 빠지던 70년대 어느 겨울날 아들의 발이 눈에 빠져 시려울까봐 동네에서 한참 떨어진 버스정류장까지 내게는 장화를 신기고, 아버지는 운동화를 들고 오셔서 버스에 올라타는 나에게 그 운동화로 갈아신기고, 아버지는 내가 벗은 장화를 들고 집으로 다시 돌아가시던 아버지의 뒷모습, 그 발걸음 따스한 추억, 父情을 다시금 떠올린다.

아버지가 가셨던 길, 도반들과 함께했던 행복한 발걸음 길, 우리가 죽는 날까지 함께 헤쳐 나가야 할 인생길이 복되고 아름다울 수 있음을 알고, 오늘도 그 길을 묵묵히 걸어가야겠다! 오창곤 合掌.

행발모와 함께 하는 즐거움

육헌수

나는 매달 한 번 첫 번째 토요일을 기다린다.
행발모가 있는 날이기 때문이다.

이제 얼추 5년째를 맞아간다.
2019년 4월 6일 해남 미황사 달마고도를 시작으로 처음 참여하고부터
함께 걸으며 얘기도 하고 자연풍광을 즐기기도 하며 더불어
행복을 맘껏 누리는 시간이 참 좋았다.

여느 모임과는 다르게 매번 함께하는 사람도 많고
매번 새롭게 나오는 분들도 많아서
서로 인사도 하고 지난 시간 안부도 묻고 해서 좋다.

행복을 찾아가는 발걸음의 모임.
행복을 발견하는 모임. 걷자생존. 스스로 행복을 찾는다.

지난해 연천에 호로고루성에서 본 광경은
지난 역사에 대한 무지와 무관심에 많은 생각을 일깨워 주었다.

미륵사지와 구룡마을 대나무숲,
한탄강 물 윗길 고석정의 아름다움,
외씨버선길에서 만난 나뭇가지가 휘어지도록
주렁주렁 매달린 붉고 붉은 사과의 아름다움,
아산 배나무밭 아래에서 부른
통키타의 멋진 노래와 선율들.
하나 둘 생각하며 해맑게 미소 짓게하는
행발모와 함께 만든 시간들이다.

참 좋다.
사람과 자연과 역사가 함께 어우러져
행복을 만들고 있는
행발모의 10주년을 함께 할 수 있어서 더없이 좋다.
앞으로도 멋진 시간들을 함께 하겠다고 다짐해본다.

걷기와 명상, 걷기 명상에 대한 소고

조원경

걷는 것은 참 좋은 일이다. 잘 걷기만 하여도 무병장수한다 하였는데, 두 발 멀쩡한데도 걸을 수 있는 형편이 못되어 걷지 못한다면, 얼마나 안타까운 일인가!!! 이런저런 사정으로 걷고 싶어도 마음 편히 걸을 수 없다면, 이 또한 안타까운 일이 아닐 수 없다. 아무튼 상황이 허락한다면 나이를 먹을수록 자연과 가까이하면서 자주자주 몸을 움직이고 적당히 걷는 일은 아주 중요하다고 생각한다.

명상하는 것은 좋은 일이다. 명상은 마음의 운동이며 마음의 걷기와 같다. 일상에서 늘 하는 일들을, 딴전 부리지 않고, 그저 부드럽게 알아차리면서 살아간다는 것은 마음의 건강에 꽤 유익하다. 믿거나 말거나 깨어있는 마음으로 알아차리는 것은 두뇌 건강에 아주 도움이 된다고 뇌 과학자들은 한결같이 말하고 있다. 이런저런 바쁜 마음 때문에 지금, 이 순간 일어나고 있는 일들을 알아차리지 못하고, 그저 흘려보낸다면 그만큼의 세월을 배움 없이 흘려보내는 것과 같다.

우리에게는 다행히 걸을 수 있는 건강한 다리가 있고, 사물을 보고 듣고 느끼고 생각할 수 있는 건강한 두뇌도 있다. 이것은 정말로 다행한 일이다. 이런 사실을 발견하고 자각하는 것이 바로 명상의 일종이다. 명상적 관점에서 우리 삶을 보면, 우리에게 차려진 밥상은 이미 진수성찬이고, 이제 우리는 그것을 기쁘게 먹으면 될 뿐이다.

왜냐하면 우리에게는 두 발이 있고, 걷는다는 것은 우리들의 건강과 행복에 많은 도움이 되기 때문이다. 우리는 그 사실을 분명히 알고 있으므로 그렇게 실행하기만 하면 된다. 그런데도 이런저런 사정상 그것을 즐기지 못한다면 건강하고 행복한 삶의 중요성을 간과하고 있는 것이 아닌지 살펴봐야 할 것이다. 이런 모든 과정을 이해하고 실천하는 것도 명상의 일종이다.

명상은 우리 삶의 아름다움을 증폭하는 최고의 기술이다. 우리는 살면서 매일 많은 일을 하지만 그중에서 명상하는 행위는 몸과 마음이 할 수 있는 최상의 기능이다. 모든 명상에는 메타인지적 기능이 포함되어 있다. 스스로가 스스로를 아는 기능이 그것이다. 명상의 정의는 다양한 방식으로 말할 수 있지만 가장 단순한 정의는 지금 하고 있는 일을 알아차림 하는 것이다. 걸으면서 걷는 것을 알아차림 하면 걷기 명상이 된다. 걷기 명상 이것은 명상 기법 중에서 가장 많이 사용되는 방법 중 하나이기도 하다.

명상은 단순하다. 그리고 쉽다. 그런데 이 단순하고 쉬운 것이 때로는 어렵다. 그것이 어렵게 느껴진다면 곰곰이 왜 그런지 한번 생각해볼 일이다. 걸으면서 자신에 대한 성찰이나 인생에 대해 음미해보는 것은 좋은 일이다. 유명한 순례길이나 멋진 둘레 길을 가지 않더라도 우리 주위에는 어디에나 길이 있다. 집 밖의 길은 사방팔방 어디로든 갈 수 있다. 자 이제 물 한 병 들고 나서 그 길을 걸어보자!!!

우리는 살면서 매일 많은 움직임을 한다. 우리는 살아 있다. 살아 있다는 것은 움직이는 것이다. 일상에서 우리는 많은 움직임과 함께 하고 있다. 일상의 많은 움직임 중에 걷는 움직임이 대표적이다. 다리를 들었다 놓았다 하면서 한 걸음 한 걸음 걷는다. 걸어서 어디론가 가기도 하고 제자리를 맴돌기도 한다. 걸어서 화장실을 가거나 일터로 가거나 놀러 가거나 마을 산책길로 간다. 다 움직임들이다.

일상에서 늘 하는 걸음걸음의 움직임을 알아차림 하는 것이 걷기 명상이다. 편안하게 걸으면서 편안한 마음으로 걷는 행위를 편안하게 알아차림 할 수 있다면 그것은 아주 멋진 걷기 명상을 하는 것이다. 우리의 삶에서 알아차림이 없다면 우리는 삶에서 유익한 배움을 얻지 못할 것이다. 잠든 사람은 많은 일들이 일어나고 있음을 모르듯이 마음이 굳어 있거나 무언가에 사로잡혀 있는 사람에게 더 이상의 배움은 일어나지 않는다.

걸으면서 걷기를 즐기는 방법은 다양하다. 마음이 복잡하고 힘들 때는 걷는 행위에 약간의 주의를 기울여 걷는 행위를 알아차림 할 수 있다면 많은 도움이 된다. 필요하다면 걸으면서 하나둘하고 구령을 붙여 주거나, 왼발 오른발하고 이름을 부르며 걸어도 좋다. 또는 따뜻한 마음으로 사랑하는 사람의 이름을 부드럽게 부르며 걸어도 좋다. 그냥 아무 생각 없이 무심하게 걷는 것도 아주 좋다.

지금 하고 있는 일을 온전한 알아차림으로 경험하면 그것은 관심이 되고 사랑이 된다. 따뜻한 마음으로 누군가의 이름을 부를 때 그것을 사랑이라고 말할 수 있다. 당신은 무엇에 따뜻한 마음으로 이름을 붙여줄 수 있을까. 지금 당장 천천히 걸으면서 그렇게 해 보면 어떨까? 왼발. 오른발. 왼발. 오른발. 하늘, 땅, 구름….

당신을 따뜻하게 불러줄 사람은 누구일까? 당신을 소중하게 여기는 사람은 누구일까? 그런 사람이 옆에 있다면 정말 좋은 일이다. 그런데 세월이 흐르면서 그런 사람들이 점점 줄어든다는 사실을 발견할 때 우리 마음은 슬프고 외로워진다.

소중한 사람들도 우리 곁에 있다가 때가 되면 떠나간다. 그러한 떠남이 우리를 슬프고 아프게도 한다. 다행히 지금은 그러한 떠남도 미소 지으며 바라볼 수 있는 나이가 된 것 같다. 그분들의 떠남이 나의 떠남이기도 하기에…

환갑의 나이가 되면 누구나 삶이 뜻한바 대로만 되지 않는다는 것을 깨닫는 것은 그리 어려운 일이 아니다. 그러한 깨달음은 삶의 성숙함을 함양하는 데 아주 중요한 요소인 것 같다. 돌고 돌아 늦게라도 인생의 소중함을 깨닫는 것은 지혜의 일종이다. 그것도 아주 커다란 명상의 지혜라는 사실을 우리가 기억했으면 좋겠다.

자, 이제, 누군가에게 받았던 사랑을 누군가가 나에게 채워 주었던 사랑을 이제 자신에게 주어야 할 때가 온 것이다. 이제 바야흐로 스스로 홀로서기를 해야 할 때이다. 이때가 사실은 진정한 의미의 정신적 독립이다. 정신적 독립이 되었을 때 우리는 진정 자기 삶을 살아갈 수 있다. 그때 누군가를 향한 사랑이 자신의 빈곤과 상실에서 나온 사랑이 아니라 자신의 충만한 심장에서 나오는 진정한 사랑일 수 있다.

자, 이제 당신이 따뜻하게 불러줄 당신의 사랑은 무엇일까? 누군가를 사랑하는 일은 좋은 일이다. 마찬가지로 자신을 사랑하는 일도 좋은 일이다. 걸으면서 자신을 사랑하는 시간을 가져 보라. 그리고 따뜻하게 자신에게 말해 보라.

한 걸음 한 걸음 삶의 일부야
걸을 때 나는 살아있음을 느껴

더 이상 어디로 가기 위해 걷는 것 아니야
걸음걸음 이 자체가 소중한 내 인생

한 발짝 한 발짝 사랑을 느끼네
한 걸음 한 걸음 인생을 느끼네

삶이란 그렇게 한 발짝 한 발짝 걸어가는 거야
삶이란 그렇게 한 발짝 한 발짝 살아가는 거야

[걷기명상 방법]

걷기 명상은 언제 어디서나 가능합니다.
걸을 수 있는 공간만 있으면 편하게 걸으면 됩니다.
심지어는 누워서도 앉아서도 걸으면 됩니다.
걸으십시오. 가만히 있으면 굳습니다.
걸으십시오. 걷지 않으면 고인 물이 썩듯이 몸도 마음도 굳어집니다.

걷기명상은 머리를 많이 쓰는 현대인들에게 정말 유용합니다.
스트레스로 머리가 지끈거릴 때,
바쁜 업무 중에 잠깐 여유를 갖고자 할 때,
식사 후 잠시 몸에 여유를 주고 싶을 때,
무엇보다는 인생의 목적과 의미를 알고자 할 때 걸으십시오.

필요할 때 언제든지 걸으면서
머리를 식히고 생각을 비워 보십시오.
걸으면서 자신과 타인의 행복에 도움 되지 않는 것들을
수시로 내려놓는 연습을 해보십시오.

편안하게 섭니다.
몸의 긴장을 풀어 줍니다.
마음의 생각도 내려놓습니다.

심호흡을 두세 번 해 봅니다.
긴장이나 걱정이 있으면 호흡으로 내쉬어 봅니다.

자 이제 천천히 걸어봅니다.
한 발짝 한 발짝 편안하게 천천히 걷습니다.
걷는 행위 자체를 편안하게 경험해 봅니다.

걸으면서 걷는 행위에 주의를 기울여 봅니다.
다리를 들고 놓고. 다리를 들고 놓고. 알아차림을 해 봅니다.

다리를 들면서 다리의 들음을 알아차립니다.
다리를 놓으면서 다리의 놓음을 알아차립니다.

걸을 수 있음에 고마움을 느껴 봅니다.
살아 있음에 고마움을 느껴 봅니다.

사람들이 건강하기를~
사람들이 행복하기를~
시간 되는 만큼 그렇게 걷습니다.

_부산 시선원 원장/명상 전문가

Chapter 4
우리는 이렇게 걸었다
지난 10년, '행복한 발걸음 모임'의 기록

첫 행발모,
누가 올지 모르니
설레는 마음으로 함께 하다.

서울숲의 싱그러운 봄기운,
응봉산 개나리꽃,
여기저기 핀 산수유의
환영을 받으며 걸었다.

남산으로 가는 길,
첫 만남임에도
오순도순 이야기를 나누며
뚜벅뚜벅 한 발 한 발 내디뎠다.

아일랜드 속담,
"낯선 사람은 없다. 아직 만나지 못한 친구가 있을 뿐이다."가 떠올랐다.
드디어 남산N타워에 도착, 남대문시장에서 갈치조림으로 맛있는 점심을 먹었다.
첫술에 배불렀다. '첫술에 배부르랴'는 속담은 수정되어야겠지.

두물머리 물레길-운길산길

약 11km, 4시간 소요, 10명 참석

양수역 - 세미원 - 배다리 - 상춘원 - 느티나무 - 진짜 두물머리 - 물레길을 따라 - 생태공원 - 최규상 소장 집 - 양수
철교 자전거길 - 운길산역 - 전망대 - 남양주 생태길(다산길과 일부 겹침) - 북한강길 - 운길산역

002   2013. 5.4

어느 계절이나 참 좋지만,
두물머리의 봄은 더욱 빛났다.

남한강, 북한강, 호수와 정원,
그리고 들길 모두 무엇 하나
예외 없이 상큼한
아름다움 그대로다.

두물머리 지킴이
한국유머연구소
최규상 소장의 안내로
많이 웃고 즐긴 하루였다.

풍경도 사람도
참 좋은 5월의 봄날이었다.
운길산역은 두 번이나 갔네.

강동 그린웨이

명일역 – 고덕산 – 샘터근린공원 – 방죽근린공원 – 명일근린공원 – 길동생태공원 – 허브천문공원 – 일자산 – 둔굴쉼터(고려말 이집 선생 은거지)입구 – 중앙보훈병원

예정으로는 감이천~5호선 올림픽공원역까지 가려 했으나
함께 한 사람들의 뜻에 따라 멈춘다. 그래도 문젯거리가 될 것이 없기에.

세 번째 행발모다. 한두 번은 할 수 있지만 세 번째까지 이어질 줄은 몰랐다.
뭔가 계속될 것 같은 느낌은 뭐지?

허브천문공원의 각양각색의 눈부신 꽃들이 선명한 기억으로 남았다.
여기는 무조건 5월 중하순이나 6월 초에 가야 한다.

부암동 생태문화탐방길

약 11km, 4시간 소요, 16명 참석

세검정길(상명대 앞 3거리) – 이광수 별장 터 – 홍지문 및 탕춘대성 – 석파정 별당 – 석파정 – 안평대군 이용 집터 –
현진건 집터 – 반계 윤웅렬 별장 – '찬란한 유산' 촬영지 – 윤동주 시인의 언덕(청운공원) – 최규식 경무관 동상 –
창의문 – 환기미술관 – '커피프린스 1호점' 촬영지 – 백사실 계곡(백석동천) – 세검정 터 – 세검정길

004 2013. 7.6

서울이면서
서울이 아닌 것 같은 아름다운 곳,
고즈넉한 문화동네,
종로 부암동과 세검정의
생태 문화 탐방길로 떠났다.

조금 더웠지만
싱그러운 여름이
참 좋았던 날이었다.

윤동주 시인의
언덕의 빨간 앵두,
석파랑 근처의 막 피어난
능소화가 생각난다.

부암동 백석동천의
도룡뇽은 잘 있을까.

휴가철을 피해 한 주 늦게 진행한 날,
여름의 한가운데라서 엄청 더웠다.

아침부터 비가 오락가락,
그나마 열기를 조금 식혔지만.
오늘도 예정대로 다 걷지는 못했다.

북한산 둘레길 1코스는
소나무 숲길에서
맛만 살짝 보고 마무리.

그래도 여름 행발모의 묘미를
그대로 느낀 날이었다.

9월이었지만 아직 여름인 게 분명했던 날,
양재역 근처의 순댓국집에서 점심~.

60대 중반,
처음 참석한 분의 북한산 미니 특강을 들었다.

북한산에 꼭 올라가야겠다는
다짐이 절로….

이렇게 하나의 역사가
기록되었다.

출발지라 고양이라
전철과 버스 1시간 이상 이동하여
출발하느라 조금 수고로웠던 길이다.

김신조 등 무장 공비가
이 길로 넘어왔다는 1·21 사태로 인해
아직도 예약제가 시행되는 곳.

거리가 짧고
비교적 경사가 완만하여
쉽게 걸을 수 있었다.

다른 북한산 둘레길은 아직인데
마지막 21코스를 걸어버렸으니
이제 어떡할까.

병아리 눈곱만큼 내린다던
가을비가 추적추적 내리던 날,

기대했던 마음들에
약간의 우울을 선물하는 것은
아닌지 작은 염려가 스쳐 지나갔다.

세상일이 어찌 내 맘대로,
우리가 생각했던 대로 되는 것이
아니기에….

그런데도, 빗속으로
기꺼이 발걸음을 내디뎠다.

비 내리는 가을 산책길,
오히려 나름의 정취가 있어 참 좋았다.
비가 와도 무조건 걷고 보는 행발모!

합정역까지 이동하여
부대찌개로 점심을 했다.
텍사스 부대찌개,
양화대교 북단 입구에 있는 집,
10년이 지났으니 이제 많이 변했겠지.

행발모가 시작된 후
가장 많은 인원이 참석,

정겨운 서울길,
한양도성 성곽길 4코스를
거꾸로 걸었다.

인왕산 정상 인증샷의
기억이 새록새록~
송년이니 선물교환도 하고….

우연히 시작한 행발모,
이렇게 해를 넘기는구나.
한 해 동안 잘 걸었다.

청계천길-중랑천길-옥수동

약 13Km, 3시간 30분 소요, 20명 참석

청계광장 - 청계천 전 코스 - 중랑천 - 응봉산 - 옥수역
(평지길이라 거리에 비해 시간이 적게 걸림)

010

2014. 1. 4

청계천을 제대로 섭렵한 날,
우리의 역사, 근현대사까지
고스란히 녹아있는 곳.

차가운 날씨에 먹었던 간식이
유난히 생각난다.

이것저것 푸짐했고,
금정산성 막걸리까지 등장했다.

중랑천과 만나는 곳이
추운 날씨로 인해
꽁꽁 얼어붙었던 날,

2014년 새해를 힘자게 열었으니
그대로 충분했다.

chapter 3. 둘이가 이렇게 걸었다 147

설 다음 주라 참석 저조,
문제 될 게 없지만
이러다 행발모가 멈춰질까 봐
작은 염려가 스멀스멀~.

생각과는 조금 다른
일정이 되었지만
나름 괜찮았던 날,

대성사, 큰바위얼굴,
고구려 대장간 등은
전혀 생각지 않았던 즐거움~.

오늘도 즐겁게 걸었으니
그냥 그대로
'걷자 행복'의 날이었다.

어떻게 이 길을 택했을까.

말 그대로
그냥 걸어보자는 생각에
선택한 아기자기한 길이다.

결과적이지만 백련산은
이때 이후 가보지 못했다.

다시 올 것 같아도
가기 어려운 게
이런 작은 산들이다.

나중에 다시 보자고 해놓고
다시 보지 못하는 인생사가
그러하듯이.

3·1절이니 서대문 독립공원에
가야겠다는 생각은
참 잘한 것 같다.

행발모 1주년을 맞아
봄바람에 꽃바람,
그리고 강바람을 더해
한강나루길 1코스를 따라 걸었다.

한강나루길이 어디일까.
한강삼패지구에서
팔당역, 팔당댐, 능내리를 지나
운길산역까지 한강과
북한강을 가장 가까이 보면서
이어진 길이다.

실제로는 삼패지구부터
운길산역까지 16km나 이어지는
중앙선 옛 철로 길이지만,
팔당역에서 시작하여
팔당댐, 봉안터널, 능내역,
운길산역까지 코스를
3시간 30분 남짓 걸렸다.

영화의 한 장면을 연상시키는
봉안터널을 비롯하여 그림 같은 강변길을 걸으면서
봄꽃들도 만나고 한강의 봄 풍경이,
인생이 얼마나 아름다운가를 저절로 느낀 아름다운 봄날이었다.

북한산 둘레길 7, 8코스

총 약 8km, 약 3시간, 18명 참석

북한산 둘레길 7길 옛성길 (2.7km)
탕춘대성 암문입구(구기터널 삼거리) – 옛 성길을 따라 – 북한산 생태공원(불광동)
북한산 둘레길 8길 구름정원길 (5.2km)
북한산 생태공원 – 기자촌 – 진관사입구 생태다리

2014. 5.10

여름 느낌이 물씬 풍기고
아카시아가 흐드러지게 핀 날.

탕춘대성 암문 입구에서부터
불광동을 거쳐
북한산 자락을 따라
진관사까지 걸었다.

무엇보다 기억에 남는 것은
은평뉴타운에 사는
고딩 친구가 행발모가
자기 집 근처를 지나간다고
수박, 누룽지 등 과일과
먹을거리를 한 보따리 들고
나타나 감동을 준 것!

참 고마운 친구다.
행발모는 역시
'자연 + 사람'이다.

국립현충원을 감싸고 있는 길이다.

현충일이 하루 지난날,
나름대로 생각을 하고 선택한 길.

경건한 마음으로
싱그러운 여름을 맛보다.

우리가 이 땅에 살아가고 있음에
감사함이 절로 든 날,

충효의 마음이
삶에 스민 날이다.

여름 들길을 걷는다는 것,
고향의 그것이
바로 떠올랐던 날이다.

26명이 참석하여
새로운 기록을 세운 날,

원덕역에서 흑천을 지나
용문역으로 가는 들녘은
무척이나 싱그러웠다.

기억에 남는 것은 바로 용문에게 있는
'국립수목원 유용 식물증식센터'에 들른 것!
센터장인 이정호 박사의 특별한 수박 환대에 시원함을 맛보았기에….

다양한 유용식물에 관해 공부도 하고.
땀을 좀 흘렸지만 그대로 참 좋았던 날, 그날이 무척이나 그립다.

한여름에 행발모가 웬 등산?

그랬다.
시원한 회룡골에서
쉴멍 놀멍 걸으려 했는데

평소 모임답지 않은
가파른 산행길이 되었다.

더운 여름날이
더욱 더웠음에
작은 미안감이 솔~ 솔~.

그래도 시원한 계곡물에
발을 담갔으니
그것으로 충분했다.

송추에서 점심을 먹으며
평소에는 하지 않던
'자기소개'를 한 특별한 시간이었음도 기억이 난다.

강서둘레길

약 8km 3시간 30분 소요, 16인 참석

개화산역(2번 출구) - 하늘길 전망대(김포공항 조망) - 신선바위 - 아라뱃길 전망대 - 봉화정(개화산 봉수대) - 개화산 전망대 - 약사사 - 방화근린공원 - 꿩고개 근린공원 - 치현정 - 치현둘레소공원 - 정곡소공원 - 메타세콰이어 숲길 - 5호선 방화역

018   2014. 9.13

김포 들녘과
김포공항이
한눈에 들어오는 곳,
아라뱃길 전망대가
아스라이 보이고….

신선바위,
꿩고개라 불리는 치현정도
기억에 남아있다.

무엇보다 뜻밖에 만난
메타세쿼이아 숲….

그들처럼 몸도 마음도
쑥~쑥 길게 자랄 것 같아
참 좋았던 날이었다.

600년 도성에 성곽을 사이에 두고
오랜 세월을 견디어낸
성북동 고택과 북촌한옥마을의
고색창연한 길이다.

이 길은 법정 스님의
맑은 향이 고이 간직된 길상사,
만해 한용운 선생이 말년을 보낸
심우장, 시민 기금으로 매입하여
보존하고 있는 최순우 옛집 등이
우리를 따스하게 맞이했던 길이다.

서울 사대문의 북대문인 숙정문에서 말바위 전망대까지의 성곽길은
지금의 서울을 그윽하게 조망하게 하여 온고지신의 의미를 되새기게 했다.

특히 길상사, 법정 스님의 진영각 마루에 앉아 잠시 숨을 고르며
생각에 잠겨본 시간은 오래도록 기억될 듯하다. 작은 나무 의자도….

남산순환길

약 9 km (소요시간 3시간 30분) 20명 참석

동대입구역(3호선) 6번출구 - 국립중앙극장 - 남산 북측 순환로 - 와룡묘 - 목멱산방 - 백범광장 - 남산도서관 -
남측순환로 - 남산팔각정 - 남산 N타워 - 팔각정 휴게소 - 남산공원길 - 국립극장 - 장충동

020   2014. 11.1

서울의 중심, 남산의 가을을 만끽한 날,

남산의 아기자기한 순환길을
제대로 걸어본 사람은
그리 많지 않은 것도 사실이다.
등잔 밑이 어두운 법인 것처럼.
특히 남산 북측순환로의
아름다움에 흠뻑 빠져버렸다.

깊어가는 가을,
남산의 숨겨진 길을 따라
삶의 즐거움을 찾은 날,
단풍, 소나무, 동서남북 사방에서
만나는 서울의 가을 풍경들을
한꺼번에 맛본 참 좋은 가을날이었다.

자주 만나는 사람도, 처음 참석한 사람도
그냥 친구가 되어 걸으니 삶이 그대로 편안하게 거기에 있었다.

엄청나게 추웠던 날,

행발모는 추워도 걷는다!!!
우리는 살아있으니까.

서리풀공원을 지나
방배동을 거쳐
우면산 자락을
오르며 먹었던
'살짝 언 김밥'은
그대로 꿀맛이었다.

뚜벅뚜벅 걸어온
지난 한 해를 돌아보며
서로를 응원하고,
선물 교환도…

길을 걷는다는 것,
길을 간다는 것…,
늘 새롭고 즐겁다.

굳이 의도하지 않고
그냥 걸었기에
가볍고 상큼하다.

망우묘지공원 사색의 길 및 망우산

약 7km (약 3시간 소요), 21명 참석

망우역 / 상봉역에서 버스로 이동 (또는 양원역에서 도보 이동) 망우공원 관리사무소 – 사색의 길 삼거리 (용마산 방향)
– 박인환 – 오재영 – 용마천 약수터 – 최학송 – 계용묵 – 정자 – 채동선 – 동원천 약수터 – 조봉암 – 한용운 – 오세창 –
방정환 – 동락천 약수터 – 안창호 – 이인성 – 망우산 – 지석영 – 김상용 – 삼거리로 귀환

022   2015. 1. 3

누구나 예외 없이 언젠가는
죽음을 맞이한다.

그것을 기꺼이 인정할 때
우리의 삶은 온전하게 살아나고
가치 있는 삶을 향한
발걸음이 시작되는 법이다.

새해 첫걸음을
삶과 죽음의 순환 속에서
이미 삶의 일부로서 죽음을 맞이한
다양한 님들의 흔적을 따라 걸었다.

삶과 죽음을 함께 느끼고
생각해보는 '사색의 길'을 걸으며
새해 우리가 어떤 삶을
살아가야 할지 고민해 보았으리라.

5km가 넘는 사색의 길을 따라
일제 강점기 시인이자 승려, 독립운동가인 만해 한용운, 우리나라 어린이 운동의 효시
인 소파 방정환, 3·1운동 민족대표 33인 중의 한 사람이고 우리나라 최초의 신문 한성
순보의 기자 위창 오세창, 이외에도 조봉암, 박인환, 지석영, 이중섭, 최학송, 계용묵,
채동 등 독립운동가, 정치가, 학자, 시인 등 많은 유명 인사들의 묘역과 묘비를 만났다.
지난 행발모와는 다른 느낌이 물씬 풍긴 특별한 행발모였다.

막 마무리된 서울 둘레길 157km의
첫 번째 코스인 수락·불암산 코스~.

시간상 전 코스를
다 가기는 어려워서
수락산 둘레길을 중심으로
도봉산역에서 수락산 둘레길을 거쳐
당고개역까지 걸었다.

겨울 삼림욕을 즐기고,
군데군데 서울을 한눈에
내려다볼 수 있는 전망대에도 들르고,

겨울 산과 겨울 풍경을 맛볼 수 있는 아기자기한 길이다.

그런데 상당히 가파른 길이 곳곳에,
서울 둘레길 중 난이도가 '고'인 몇 개 안 되는 길···.

그럼에도 뚜벅뚜벅 걷다 보니 목적지에 도착,
겨울 걷기를 온전히 맛본 날이었다.

포천에서 발원하여
남양주, 구리를 거쳐
한강으로 접어드는 왕숙천과
조선왕조 9명의 왕과
17명의 왕비·후비가 잠들어 있는 곳인
동구릉을 걸은 날이다.

동구릉에서는
행복대왕 덕장 임금(?)의
즉위식도 하고.

동구릉의 역사 문화와
왕숙천의 자연경관을 만끽하고,

봄이 왕숙천과 동구릉에까지 왔는지
살짝 확인해 본 날이기도 했다.

동구릉

9릉은 조선 제1대 태조 이성계의 건원릉(健元陵), 제5대 문종과 현덕왕후가 묻힌 현릉(顯陵), 제14대 선조와 의인왕후·계비 인목왕후가 묻힌 목릉(穆陵), 제16대 인조의 계비 장렬왕후의 휘릉(徽陵), 제18대 현종과 명성황후의 숭릉(崇陵), 제20대 경종비 단의왕후가 묻힌 혜릉(惠陵), 제21대 영조와 계비 정순왕후의 원릉(元陵), 제24대 헌종과 효현왕후·계비 효정왕후의 경릉(景陵), 추존된 문조와 신정왕후의 수릉(綏陵)이다.

사람중심 행복도시,
광명의 봄을 따라다녀 온 날.

광명은 서울 서남쪽에 있는
아늑한 전원도시로
낮은 산들이 이어지며
그린벨트가 많고,
지하철 7호선이 지나는
교통이 편리한 곳이다.

KTX 광명역과
가학광산 광명동굴로 알려져 있기도.

조선시대 청백리로 유명한
오리 이원익 선생과
유년의 우울한 기억이나
도시인들의 삶을 담은
개성이 강한 시들을 발표했던
요절 작가 기형도의 고장이기도 하다.

광명의 낮은 산들을 걸으며
광명의 봄꽃과 문화 향기에 취했던 날,
그리운 봄날이다.

북한산 둘레길 18, 19, 20 코스

총 약 10 km (약 3시간 40분 소요), 35명 참석

1,7호선 도봉산역 – 다락원 매표소 – 광륜사 – 능원사 – 도봉사 – 무수골 (18구간 도봉옛길) – 쌍둥이 전망대 – 바가지 약수터 – 정의공주묘(19구간 방학동길) – 방학동 은행나무 – 연산군묘 – 우이령길 입구 (20구간 왕실묘역길)

026   2015. 5. 2

더 이상 설명이 필요 없는 곳, 북한산과 도봉산을 아우르는 북한산 둘레길(전체 71.5km)은 기존의 샛길을 연결하고 다듬어서 북한산 자락을 완만하게 걸을 수 있도록 조성한 곳이다. 사람과 자연이 하나 되어 걷는 둘레길은 물길, 흙길, 숲길과 마을 길 산책로의 형태에 따라 각각의 21가지 테마를 구성한 길이다.

도봉산역에서 시작되는 18구간 도봉 옛길, 19구간 방학동길, 20구간 왕실 묘역 길을 걸으며 신록의 북한산과 도봉산의 봄 정취를 만끽했다. 점심엔 맛있는 청국장집에서 하면서 서각작가이기도 한 김성종 님의 판소리 한마당이 펼쳐져 소리에도 취하고, 막걸리에도 취한 특별한 시간을 보냈다.

메르스로 어수선한 세상이었지만
48명의 행복한 님들이 함께 했다.

서대문을 상징하는 안산(296m)은
의주로의 무악재를 경계로
인왕산과 마주하고 있는 산이다.

서울 도심이라고
믿기지 않을 정도로
다양한 숲이 우거져 있다.
이미 지긴 했지만,
벚꽃과 아카시아가
흐드러지게 피어
꽃동네를 이루기도 한다.

마무리하는 여정에
이날이 현충일이어서
서대문 독립공원에도 들러
조국의 독립을 위해 헌신하신
선열들의 뜻도 기렸다.

참가자가 너무 많아 점심 식사도
겨우 한 드문 날이었다.
(몇 사람을 강제 귀가 시켰다는 설이 있다)

관악산 숲길

서울대 정문 – 관악산식물원 – 제2광장 – 노고리약수터방향 – (작은)깔딱고개 – 삼막사 – 염불암 – 염불암골 – 안양유원지

7월, 여름의 가운데로 가는 즈음에 진행한 28번째 행발모!
관악산 모퉁이를 돌아가는 길,

서울대 정문에서 출발하여 삼막사, 염불암, 안양유원지(안양예술공원)에 이르는
완만한 숲길이었다. 물론 작은 깔딱고개가 있었지만….

지난 27번째에 50명 가까이 참석했던 인원이 15명 남짓으로 줄었다.
지인 중의 여식이 결혼해서 거기에 함께 한 사람들이 많았던 것도 영향을 준 듯하다.

하지만 인원이 무에 중요하랴. 그냥 함께해서 행복한 걸음을 하면 그만인 것을….
4시간 남짓 동안 우리는 걷고 또 걸으며 이야기를 끝없이 이어갔다.

현재 로스쿨 재학 중인 새터민인 원산 출신의 강룡 씨가 오랜만에 함께 했고,
파주 인쇄회사의 정의정 이사도 첫걸음을 했다.

인왕산 자락 서촌, 부암동, 백사실 계곡

약 8km 남짓 3시간 20분정도 소요, 42명 참석

경복궁역 – 서촌 – 통인시장 – 단군성전 – 황학정 – 수성동계곡 – (구)옥인아파트 – 청운공원 – 부암동 동네길 –
산모퉁이집(드라마 커피프린스 1호점 촬영지) – 북악산길 산책로 – 백석동천 – 백사실계곡 – 세검정

029   2015. 8. 1

인왕산 자락, 서촌과 부암동과
백사실두메 나들길로 다녀왔다.

여름의 한 가운데,
휴가철임에도 40명이 넘는
많은 님들이 함께하여
즐거운 걸음을 했다.
예상 여정을 다 돌아보지 못했지만
세렌디피티(뜻밖의 행운)를
맘껏 누린 하루였다.
인왕산은 물론
서촌의 문화와 역사를 그대로 맛본 날.

특히 인왕산 자락에 사는, 지역 지킴이 인왕 최원일 님이 재미있는 이야기로 안내해주어
더욱 뜻깊은 시간이었다. 점심엔 삭힌 홍어까지 맛보고…

이상타~
하늘공원 길에만 오면 비가 내린다.

가양대교를 넘어오는데 만난
거센 비바람에 쩔쩔맸던 기억.
예정대로라면 불광천을 거쳐
증산역까지 가려 했지만
내리는 비에
하늘공원에서 멈췄다.

대신 메타쉐콰이어 숲과
하늘공원에서 맘껏 논 날~.
특히 하늘공원의 표주박, 중앙전망대에서 찍은
사진은 두고두고 기억될 사진으로 꼽힌다.
우중 행발모도 참 좋다!

하남/팔당 한강길

총 10km 약 3시간 30분 소요, 30명 참석

하남시청 – 덕풍천 – 위례강변길 일부(덕풍교 – 한강 강변길(억새숲) – 산곡천(산곡교/팔당대교 남단)) – 위례사랑길
(닭바위 – 연리목 – 도미나루 – 두껍바위) – 다시 돌아서서 도미나루 – 팔당대교 – 팔당역(중앙선)

031

2015. 10. 3

덕풍천도 한강길도 참 아름답다는 것을
그대로 느낀 날이다.
익어가는 가을이 함께 따라 걸은 날,
행복도 덩달아 따라오고…

한강둔치는 푸른 물결과 녹빛 억새밭을
사이에 두고 시원한 강바람을 맞으며,
천혜의 자연환경이 어우러져
한강의 철새, 물새들과 날갯짓 속에
팔당대교를 거쳐
아름다운 물보라가 장관인 팔당댐까지…

한강 남쪽에서는 너머로 예봉산과 예빈산이,
강 북쪽에서는 멀리 검단산이 우리 행복쟁이들을 반겨주었던 날,
'참 좋았다'라는 말이 잘 어울리는…

거기에 팔당댐 가는 길, 잠시 휴식을 취하며 하모니카 연주를 듣다 보니
그대로 힐링 만점!!! 그리운 그날이 생생하게 되살아난다.

춘천 호반길

약 14km, 4시간 30분 소요, 18명 참석

춘천역(2번 출구) - 소양강처녀동상 - 호반사거리 - 소양2교 횡단 - (소양강 방향 강변 자전거길따라: 소양강(북한강)
즐기기) - 우두강둑길 - 반환 - 소양2교 - 호반사거리 - (소양로) - 소양약국 - (모수물길 진입) - 기와집길 9번길 -
겨울연가 드라마 촬영지(유준상 집) - 소양로 - 소양강 명물 닭갈비집(여우고개 황토집/ 택시로 나눠 타고 이동)
- 포지티브카페(효자동) - 춘천역

032   2015. 11. 7

춘천 소양강의 가을이
블링블링했던 날,
그렇게 가을이 품안으로
아름답게 파고든 날…
소양강 처녀와 함께 행복의 노를
저었던 날이었다.

가을비가 내리고 바람이 불어도
걷다 보면 즐거움이 솔솔 생겨났다.

이번에도 그랬다. 예외가 없다. 신기하다.

밝은 모습으로 환영해주고,
맛있는 커피와 차를 내어준 춘천의 아름다운 미녀,
포지티브 카페 신혜 씨에게 특히 진심으로 고마움을 전한다.

닭갈비와 막국수는 기본,
겨울연가의 욘사마 준상이네 집에도 가보고…

양재천/송년 행발모

약 10km, 3시간 30분 소요, 24명 참석

3호선 학여울역 – 영동 6교 아래로 양재천 진입 – 미도아파트 옆 – 영동 5교 – 늘벗공원사거리(영동 4교)옆 – 영동 3교 – 강남수도사업장 옆 – 영동 2교 – 영동 1교 – 양재 시민의숲 (반환점) – 양재천/양재근린공원 – (영동 2교 – 3교 – 4교 – 5교) – 개포동역 – 개포종합상가(점심식사) – 영동6교 – 학여울역

033   2015. 12. 5

같은 길이라고 해서
같을 거라고 생각하지 마라.

계절이 달라지고,
바람이 달라지고,
무엇보다 나 자신이
그때의 내가 아니기에.

양재천도 그랬다.
겨울과 다른 사람들,
수많은 다른 나들이 양재천과 어울리니 새로운 풍경, 새로운 행복이 되었다.

군데군데 눈이 숨어있었던 날, 뚜벅뚜벅 걷는 걸음걸음마다 삶의 즐거움이 총총거렸다.
송년이니 선물 교환도 하고… 그렇게 2015년이 저물어갔다.

화랑대역에서 광나루역까지
꽤 먼 거리인지라 부지런히 걸었다.

산 능선을 따라 산책하는 코스로
서울 둘레길 중 전망이
가장 뛰어난 코스이다.

용마산과 아차산은
정비가 잘 되어있어
편안한 트래킹을 할 수 있었다.

40여 명이 줄을 지어 걸으니 장관이었다.
마무리 점심으로 미나리를 듬뿍 넣은 동태탕의 기억도
새록새록 떠오른다.

당고개역 – 불암산 자연공원 – 불암산 자락길 – 학도암 – 태릉/서울여대 – 화랑대역

2016. 2. 13

이 코스는 서울 둘레길 1코스의 반으로 당고개역에서 출발하여
불암산 자연공원과 불암산 자락길을 따라 걸으며
학도암(학이 놀고 간다는)을 거쳐 화랑대역까지 가는 길이었다.

코스에서 살짝 벗어나는 길이지만
태릉(조선 중종의 두 번째 계비 문정왕후의 무덤),
서울여대, 태릉선수촌, 육사도 스치듯 들렀다.
국승구 님의 안내로 남수단 유학생 두 사람도 함께했다.

서울 둘레길 중 가장 힘든 코스 중의 하나…
행발모의 용사들은 잘 해냈다.

서울둘레길 1코스 전반부(도봉산역-당고개역)

총 7.2km 약 3시간 30분 소요, 20명 참석

지하철 1, 7호선 도봉산역 2번 출구 – 창포원 – 상도교 – 수락 리버시티 아파트 – 상계근린공원 – 수락골 / 벽운동 계곡 입구 – 군부대 – 전망대 – 노원골 – 전망대 – 채석장 전망대 – 당고개공원 – 당고개역

036   2016. 3. 5

지난 2월,

후반부(당고개역~화랑대역)를 다녀온 이후의 연속선상이다.

봄비가 흘깃흘깃 여정을 엿보았지만 큰 어려움 없이 잘 다녀왔다.

지난 2015년 2월에 다녀온 길이기도 하지만

이번 서울 둘레길 종주에 새로운 마음으로 다시 한번 도전했다.

행발모 대장이 중요한 일이 있어 처음으로 참석 못했다.

역시 걷고 나면 늘 뿌듯함이 밀려온다.

모르니까 몰래길이다.
사실은 몰래 가기 때문에
몰래길이라 이름을 붙여보았다.

행발모에서만 경험할 수 있는 길이라
더욱 특별했다.

홍릉 수목원에서
수많은 봄꽃의 정취에 흠뻑 취하고,
경희대와 한국종합예술학교에서
봄 캠퍼스의 낭만과 추억을
더듬어 보았던 날이었다.

말 그대로 '그냥' 이름을 붙인
진짜 몰래길이어서 정말 좋았다.
뜻밖의 즐거움이 물씬 풍긴 세렌디피티의 날!
31명의 행복쟁이들이 봄 멋과 봄맛을 실컷 즐긴 날,
인생에 있어 오늘 하루만큼은 '행복'이라고 도장을 꾸욱 찍어주고픈 날이었다.

서울둘레길 3코스 일부(광나루역-고덕역)

총 10km, 3시간 30분 소요, 27명 참석

광나루역(2번 출구) – 광진교 – 광나루 한강공원 – 암사생태공원 – 토끼굴입구 – 선사사거리 – 선사초등학교 –
서울 암사동 유적지 – 구리암사대교IC – 매봉 – 고덕산 – 샘터근린공원 – 온조대왕 문화체육관 – 고덕역(E마트)

038 2016. 5. 7

서울 둘레길 3코스(고덕/일자산코스) 중
첫 번째 코스인 광나루역에서
고덕역 구간을 다녀왔다.

광나루역을 출발하여
광진교를 건너고 암사생태공원,
암사동유적, 고덕산을 거쳐
고덕역에 이르는
고즈넉한 향기가 있는 길이다.

강과 산, 유적지가 어우러지는
참 멋진 여정,
30명 가까운 행복쟁이들이
즐겁고 신나게 함께 걸었다.
그냥 오고 그냥 가고 그냥 걷는 거다.
거기에 행복의 비밀이 있다.

아니라고? 아님 말고~ ㅋㅋ

3회 행발모와 겹치는 길이다.

그땐 명일역에서 출발하여
올림픽공원까지는 가지 못했는데…

이번엔 고덕역을 출발하여
명일 근린공원, 상일동 숲과
일자산 허브천문공원,
해맞이공원을 지나 방이동 생태학습관,
올림픽공원역까지 걸었다.

완만한 산과 공원이 쭈욱 이어지는
강동 그린웨이 길과 겹쳐 있는 호젓한 길,
20여 명의 행복쟁이들이 함께 싱그런 여름을 맘껏 즐겼다.
빨간 앵두, 싱그런 6월의 초목들과 덩달아 신났던 날, 그리운 시간들이다.

올림픽공원역을 출발하여
오륜초등학교, 성내천, 송파소방서,
장지체육관, 파인타운 아파트,
장수공원, 가든파이브 옆길을 거쳐
장지천을 지나 탄천 길에
합류하여 수서역까지 함께 걸었다.

아기자기한 강길(성내천과 장지천, 탄천)과
공원길을 힘들지 않고 호젓하게 걸었다.

전날 비가 온 덕분에 물도 많고
싱그러운 느낌이 들었다.
특히 맹꽁이를 만나
어릴 적 추억에 젖었던 기억이 새록새록….
붉은토끼풀도, 수서역 육개장집도….

정말 무더웠던 날,
기온이 38도를 웃도는 날,
10년의 행발모 중 가장 더웠던 날로
기록되어야 마땅하리라.

세검정 – 백사실 계곡 – 백석동천 –
북악스카이웨이를 거쳐
정릉에 이르는 길,
일명 '서울 몰래길'이라고 이름 붙였다.

20여 명이 함께 더위와 친구 하며
종로구의 감춰진 길로 숲길을 따라 개울도 만나고,
북한산을 비롯하여 서울 시내를 조망할 수 있는 아기자기한 길이었다.
행발모는 무더위에도 극한의 추위에도 뚜벅뚜벅 걷는다.
무리하지 않고 쉬엄쉬엄~

수서역에서 대모산, 구룡산을 지나는,
대부분 산행코스지만 높지 않은
나지막한 고도로 수월한 트레킹이 가능하며
산림 자연 자원이 풍부하고
서울시 조망이 매우 좋은 길이다.

구룡산과 우면산 사이의 여의천을 거쳐
양재시민의숲에 이르는 길은
주변 경관이 좋으며,
평탄하고 아늑한 산책로로
누구나 함께 할 수 있는 그 길을 걸었다.

아직 여름이 남아있었지만,
함께 하니 더욱 즐거웠던 날들이
추억 속에 남아있다.

음성 양덕저수지/해피허브 행복센터

약 5km, 25명 참석

동서울터미널 출발(8시 10분) – 음성 삼성시외버스터미널 도착(9시 30분) – 양덕저수지 해피허브 행복센터까지
도보로 이동(약 2km, 20분 소요) – 양덕저수지 둘레길 걷기(10시 30분 ~ 11시) – 식사 및 행복한 작은 파티(11시 30
분 ~ 2시 30분) – 정리 및 환담(3시 30분까지) – 4시 음성 출발(4시 15분 버스)

043   2016. 10. 1

참 좋은 가을날
충북 음성 양덕 저수지와
해피허브 행복센터로 다녀왔다.

경기도 안성과 인접해 있어
그리 멀지 않고(서울에서 85~90km 정도),
둘레가 3km 남짓 되는 멋진 풍광의
저수지를 품어 안은 곳이라
함께 하기에 참 좋은 곳,
양덕 저수지 둘레길도 함께 걷고(30분 정도 소요),
행복센터에서 작은 행복파티(바비큐 파티)도
함께 한 특별한 자리였다.

인연이 이어지지 않아
더 이상 가보지 못했지만, 문득 그곳에 가보고 싶다.

양재시민의숲역에서 우면산과
예술의 전당을 거쳐 사당역에 이르는
서울 둘레길 4코스 중 2구간을 걸었다.

깊어가는 서울의 가을을 즐기며.
이번 코스는 나지막한 산과 길을 따라
가을의 정취를 맛볼 수 있는 예쁜 길이다.

주변 경관이 좋으며, 평탄하고
아늑한 산책로로 누구나 함께 할 수 있는 코스.

특히 우면산 둘레길이 생각한 것보다 훨씬 아름다웠다.
대성사에도 처음 가보았지만 참 아늑하고 정취 있는 사찰이었다.

조금 쌀쌀한 초겨울 아침~.
45번째, 12월 송년 행발모는
12월 3일(토) 서울 몰래길로 다녀왔다.

군자역에서 송정 둑길을 거쳐,
살곶이다리, 중랑천,
옥수역으로 이어지는 길….

조선시대,
서울의 동쪽인 경기도와 강원도를 오가는
관문인 살곶이 다리도 지나고.
철새도래지, 서울숲, 응봉산, 청계천,
중랑천, 한강 등을 함께 맛볼 수 있는
한적하고 아늑한 길이었다.
26인의 행복쟁이들이 함께 했다.

2017년 새해. 첫 번째!!

46번째 행발모는
서울 둘레길 6-1 코스(안양천길),
석수역에서 구일역까지 다녀왔다.

겨울 추위가 주춤하고
대신 하늘엔 새털구름이,
안양천에는 물새들이
함께 걸었던 날,

안양천을 따라가는,
누구나 함께 편하게 걸을 수 있는 길,

새해 첫 출발이라 워밍업할 정도로 편한 길을 택해 다녀왔다.

중랑천 철새탐방 프로그램

이번엔 특별 이벤트로 '중랑천 철새 관찰 프로그램'으로 진행했다. 동부간선도로와 나란히 흐르는 중랑천은 양주에서 의정부를 거쳐 서울의 동부지역을 거쳐 한강에 이른다. 중랑천은 예로부터 고방오리, 넓적부리, 청둥오리, 쇠오리, 알락오리, 흰죽지, 흰뺨검둥오리 등 겨울 철새들의 보고이다.

이번 프로그램은 철새전문가인 김봉겸 님이 동행하며 자세히 안내했다. 중랑천 살곶이 다리에서 시작하여 청계천과 중랑천의 합류 지점의 철새 관찰 구역을 돌아 다시 중랑천 을 따라 서울숲까지 가는 여정, 이번 코스는 그동안 그냥 무심코 지나친 철새를 가까이 서 관찰하며 설명을 듣는 프로그램으로 참가자 모든 분께 특별한 시간이 되었다. 정말 이지 아는 만큼 보이고 보이는 만큼 사랑하게 된다는 말을 실감한 날이었다.

한양대역 – 살곶이다리 – 중랑천 / 청계천 합수지점 – 살곶이다리 – 서울숲

 2017. 2. 4

이번엔 서울 둘레길 5구간 관악산 코스인 사당역에서 관악산,
삼성산을 거쳐 석수역까지 1부, 2부로 진행되었다.

오전에 낙성대에서 서울대까지,
서울대 관악산 입구에서 점심을 하고
오후에는 서울대에서 관악산, 삼성산,
호압사를 거쳐 석수역까지.
1부에 32명, 2부에 19명이 함께 하였다.

이번 코스는 관악산과 높은 고도로 등반을 위한
산행이 대부분이지만 관악산의 둘레길을 따라서 걷는 코스로
자연경관이 매우 훌륭하고 곳곳의 역사문화유적이
다양하게 분포하고 있어 볼거리 또한 매우 풍부한 길이다.

대부분 구간이 숲길로 비교적 난이도가 있는 코스지만
서울의 산림 자연환경을 느낄 수 있는 최적의 코스이기도 하다.

봄이 바로 코앞에 와 있음을 느낄 즈음, 저 멀리 남쪽에서는 이미 꽃소식이 바람을 타고 전해지던 날, 서울 근교를 중심으로 진행되어온 행발모(행복한 발걸음 모임)가 처음으로 버스를 타고 섬진강의 봄을 만나고 왔다.

2017년 4월의 첫날, 행발모 4주년 기념 섬진강 행복 소풍! 덕치마을에서 운 좋게도 섬진강 시인 김용택 선생도 만나고, 아기자기한 정겨운 강길을 걸어 영화〈아름다운 시절〉 배경이 된 구담마을에도 들렀다. 임실 강진 천담집에서 다슬기탕, 추어탕으로 점심 식사도 맛있게 하고 임실 성당과 치즈 발생지에서 지정환 신부를 만났다.

이어서 치즈테마파크, 진구 사지 석등을 거쳐 국사봉에 들려 섬진강의 보고인 옥정호를 조망했다. 이렇게 섬진강과 임실 소풍 길이 우리 삶 속으로 들어온 날, 행복한 여정, 말 그대로 행복한 발걸음이다.

이번 구간은 경인선 전철 구일역을 출발하여 안양천을 따라 양화교 폭포까지 이동한 후 한강을 따라 가양역까지 가는 코스로 전 구간이 평탄한 지형으로 수월한 트레킹이 가능하며 서울의 하천과 한강을 만끽할 수 있어 말 그대로 편한 길이다.

미세먼지가 극심한 날임에도 10여 명의 행복쟁이들이 즐겁고 힘찬 발걸음을 함께 했다. 특별히 백제 역사 전문가인 한종섭 선생님이 함께하여 한강, 안양천, 소금의 이동, 허준 선생 등에 대한 이야기를 재미있게 들려주었다.

서울역(7번 출구) - 서울로 7017 - 숭례문 - 덕수궁 돌담길 - 정동 - 경희궁 - 광화문 - 안국역 - 창경궁 - 이화동 - 혜화역 인근에서 점심식사

2017. 6. 3

서울역 고가가 개통했던 해인 1970년에서 '70'과 보행길로 재탄생하는 해인 2017년에서 '17'을 맞춰 탄생한 것이 '서울로 7017'이다. 이번 여정은 서울 도심의 역사와 스토리를 이어주는 순환노선이라 해서 '이음길'이라고 부른다.

이번 행발모는 2017년 5월 20일 보행길로 변신한 서울역고가 '서울로 7017'과 '서울역'에서 출발하여 다양한 근현대 건축자산을 볼 수 있는 '정동'을 지나 광화문, '인사동'과 '흥인지문', '명동'을 거쳐 다시 서울역으로 이어지는 '서울 이음길'을 생각했으나 여기저기 볼거리와 즐길 거리에 해찰하느라 반도 못 가고 말았다.

하지만 6월 3~4일 서울로 7017 아래에서 주한유럽연합대표부와 회원국이 참가한 가운데 유럽의 다양한 문화와 기후변화 대응노력을 소개하는 '유로빌리지' 행사가 열렸는데, 여기에 함께 하여 즐겁게 지냈다. 덕분에 특별한 행발모가 되었다.

서울 북쪽의 아름다운 숲길, 불암산 숲과 삼육대 숲길로 다녀왔다. 불암산은 원래 금강산에 있던 산이라고 한다. 조선왕조가 도읍을 정하는데 남산이 필요해서 한양으로 출발했다가 불암산 자리에 도착해보니 이미 남산이 들어서서 자리 잡고 있었다고 한다. 그래서 되돌아가려다 그대로 머물고 말았다는 전설이 있다. 그래서 불암산은 서울을 등지는 형세가 되었다고 한다. 52번째 행발모는 상계역에서 출발하여 학도암 입구, 노원고가, 제명호, 삼육대 숲을 거쳐 화랑대역에 이르는 길을 걸었다. 삼육대 숲은 아름다운 대학 숲으로 선정되기도 한 곳이며, 일부 구간이 서울 둘레길 1코스와 겹치기도 한다. 아름다운 삼육대 제명호와 경춘선 폐철교가의 노오란 루드베키아가 눈앞에 아른거린다.

시원한 동굴에서 폭염을 날려버린 날, 광명의 참 일꾼, 김동현 님 고마워요. 1912년 일제가 자원 수탈을 목적으로 개발을 시작한 광명동굴(구. 시흥광산)은 1972년 폐광된 후 40여 년간 새우젓 창고로 쓰이며 잠들어 있던 광명동굴을 2011년 광명시가 매입하여 역사 · 문화 관광명소로 탈바꿈시켰고, 산업 유산으로서의 가치와 문화적 가치가 결합한 대한민국 최고의 동굴 테마파크라는 평가받고 있다. 연간 140만 명 이상의 관광객이 찾는 세계가 놀란 폐광의 기적을 이루었다. 동굴 아쿠아 월드, 동굴 예술의 전당, 황금 폭포, 와인셀러및 시음장 등 다양한 콘텐츠가 동굴 안에 가득하며, 무엇보다 이 폭염에 동굴 안의 온도가 12~13도로 정말 시원하다.

월드컵 경기장에서 출발하여 불광천을 따라
증산역까지 간 후 증산체육공원, 은평터널 윗길,
봉산을 거쳐 서오릉까지 걸었다.

여유가 있었으면 앵봉산(매봉)을 지나
7코스 종착지인 구파발역까지 갈 수도 있었지만
참가자들의 뜻을 받들어 생략했다.

늦여름의 상큼함을 그대로 맛본 날이었다.
그냥 그대로 걷자 행복이었다.

광나루역 – 아차산 – 구리한강공원

광나루역 – 아차산 고구려 대장간마을 / 큰바위얼굴– 한강변길 – 구리 한강공원(코스모스 군락지) – 강변역(대중 교통 이용 / 영화관람)

긴긴 추석 연휴 중인 10월 7일(토) 10월 행발모는 서울 광나루 한강 변을 따라 구리 코스모스 공원을 다녀왔다. 추석 등 10월의 황금연휴 기간이었지만 시간 되는 임들 중심으로 행발모의 길을 뚜벅뚜벅~. 코스는 광나루역에서 출발하여 구리 대장 간 마을과 큰바위 얼굴을 만나고, 한강 변을 따라 구리 코스모스 군락지인 한강공원까지 걸었다.

코스모스 공원에서 도시락과 간식을 나누어 먹으며 어릴 적 소풍 추억을 그대로 느껴보았고. 행발모가 끝나고 구리 장자 공원을 거쳐 다시 걸은 후에 강변역 테크노타워로 이동해 몇 사람들과 함께 영화 〈남한산성〉을 관람했다. 행발모 전 여정을 인생기록사 이재관 님이 영상으로 기록한 날이기도 하고.

특별 가을 소풍, 제천 월악산 미륵송계로/동달천 걷기

월악산 국립공원인 충북 월악산과, 박쥐봉과 말뫼산 사이 아랫길인 597번 길. 미륵송계로와 동달천을 따라 걸었다. 충주 중원 미륵대원지에서 덕주사와 송계계곡, 제천 한수면을 지나 충주호의 탄지삼거리까지 가는 길~.

오색 단풍은 물론 역사와 문화의 향기를 고스란히 느낄 수 있는 아름다운 길이었다. 드라이브 코스로도 좋지만 걷기에도 참 좋은 길~. 2015년 가을, 딸아이가 캐나다 가기 전 부녀가 나란히 걸었던 길이기도 하다.

기억에 남는 풍경이 참 많다. 낙엽 비를 흩뿌리며 놀았던 기억, 걷는 도중 군데군데 모여 점심을 먹던 풍경도 선명한 장면으로 남아있다. 무엇보다 가을 길을 40여 명이 넘는 대군(?)이 함께 걸어가는 장관이라니… 아련한 그리움으로 가득하다.

두모포라고도 불리고 저자도
와 동호가 있던 옥수역에서
시작하여 한강 북쪽 길을 따
라 동호대교, 한남대교, 반포
대교, 동작대교, 한강대교,
원효대교를 지나 마포역까지
걸었다. 겨울 강바람을 맞으
며 뚜벅뚜벅~.

한 해를 돌아보며, 다가오는
새해를 다짐하며….

무탈히 걸은 한 해를 보내며
감사의 마음으로 송년 행발
모를 마무리했다.

이상화/윤동주를 따라 북촌, 서촌, 인왕산 둘레길

총 6.5 km, 약 3시간 30분, 43명 참석

안국역 – 계동길 – 중앙고(이상화 / 채만식 / 서정주) – 소나무갤러리 – 북촌생활사박물관 – 삼청동 카페골목 –
공근혜 갤러리 – 청와대 앞길 – 효자동삼거리 – 경복고 / 청운중앞 – 창의문 – 윤동주 문학관 – 시인의 언덕 –
수성동계곡 – 서촌(이상의집) – 통인시장(경복궁역)

058

2018. 1. 6

3호선 안국역에서 출발하여 중앙고에서 이상화 시인(채만식, 서정주)을 만나고 제동
과 북촌을 거쳐 삼청동, 청와대를 지나 부암동, 창의문에 이르러 시인의 언덕에서 윤
동주 시인을 만났다. 이어서 인왕산 둘레길을 따라 수성동계곡을 거쳐 서촌(세종마을)
에서 날개의 작가 이상의 집에도 들렀다. 아울러 이상화 시인의 '빼앗긴 들에도 봄은
오는가'와 윤동주 시인의 '서시'를 낭송하는 시간도 마련했던 날…

대학 시절 불렀던 '빼앗긴 들에도 봄은 오는가'를 다시 불러본 날! 시詩는 바로 그 문화
의 중심에 있다. 그 자체로 부작용 없는 치유제라고 하고. 가진 자와 강자의 손을 들어
주는 것이 역사라면 못 가진 자와 약자의 손을 들어주는 것이 문학이고 시라고 한다.
행발모가 문화로, 시詩로 행복 찾기를 한 날이었다.

성북동 문화역사길을 걷다

총 7 km, 약 3시간 30분 소요(중간체류시간 포함), 23명 참석

한성대입구역(5번출구) - 성북예술창작터(장승업 집터) - 최순우 옛집 / 윤이상 집터 - 방우산장(조지훈 살던 집) - 선잠단지 - 간송미술관(현재 보수중) - 이종석 별장 - 만해 한용운 심우장 - 수연산방(상허 이태준) - 한국가구박물관 - 길상사(백석 / 법정스님) - 누브티스갤러리 - 성북동 성당 - (쌍다리 돼지불백) - 한성대역(김광섭 집터 / 염상섭 집터 / 박태원 집터 등)

059

2018. 2. 3

엄청 추웠던 날,

2018년 시와 문화를 찾아 떠나는 행복한 발걸음 모임은 성북동 길로 다녀왔다. 행발모 또한 두 번 다녀온 곳이지만 이번에 새롭게 다녀왔다. 성북동 행발모에서는 만해 한용운, 조지훈, 상허 이태준, 백석, 이산 김광섭, 횡보 염상섭, 구보 박태원 등 문인들과 혜곡 최순우, 간송 전형필 선생 등의 발자취도 만나고, 백석 시인과 법정 스님의 자취가 서린 길상사에도 다녀왔다. 추웠지만 참 따뜻한 시간으로 이어진 참 좋았던 날이다.

시와 문화가 있는 발걸음은 도봉구 쌍문동, 방학동으로 다녀왔다. 이번 길에서는
시인이자 교육자, 사상가, 인권운동가로 평생을 살아온 함석헌 선생 기념관, 한국문학
의 대표적 자유 시인이자 저항 시인인 김수영 문학관을 찾아갔다. 이어서 연산군 묘와
세종대왕의 차녀인 정의공주와 그 남편인 안맹담 묘역을 거쳐 교육가이자 문화재 수집
가로 민족문화제를 수집하는 데 힘쓴 간송 전형필 선생의 옛집에도 들렀다.

함석헌 선생 기념관에서는 마음을 울리는 시, '그 사람을 가졌는가'를 함께 낭송하고,
김수영 문학관에서는 알려진 시인 '풀'을 낭송했다. 따뜻한 봄볕 맞으며 만난 간송
전형필 선생 옛집 풍경은 참 정겹고 따뜻했다. 봄볕이 시와 문화, 예술과 함께 버무려
진 참 맛있었던 날이었다.

양평 두물머리 물레길

춘래불사춘春來不似春, 쌀쌀한 날씨에도 20여 명의 행복쟁이들이 함께 했다. 북한강과 남한강이 만나 하나의 물이 되어 한강으로 흐르는 아름다운 물의 공간인 두물머리(양수리)로 가서 양평 물소리길 1-1 코스인 두물머리 물래길을 함께 걸었다. 꽃샘추위 찬바람이 우리의 걸음걸이를 멈칫멈칫하게 했지만, 두물머리의 봄이 들꽃들과 강물이 어우러져 우리를 반겨주었다. 다온광장 두물경에서는 황명걸 시인을 만나고 '두물머리'에 관한 시를 함께 낭송하는 시간을 가졌고, 양수 전통시장도 한 바퀴 돌아보고 황탯국 집에서 맛있는 점심도 함께했다. 春來不似春인 듯했지만 그래도 봄은 봄이었다.

양수역 – 세미원 – 두물머리 – 다온광장(두물경) – 갈대쉼터 – 물환경연구소 – 양수리 환경 생태공원 – 북한강 철교
(남한강 자전거길) – 용늪삼거리 – 양수 2리 생태마을 – 양수역

061

2018. 4. 7

5주년 기념 안면도 특별 소풍

5주년 기념 행발모, 5월의 특별한 소풍은 천혜의 자연을 간직하고 있는 꽃과 송림의 해변 길인 충남 태안 안면도로 다녀왔다. 태안 둘레길 5코스로 드르니항에서 백사장 항을 지나 삼봉해변, 기지포 해변, 안면해변, 두여해변까지…. (연휴 시작이라 차가 막혀 안면도 도착시간이 11시 30분) 아름다운 봄바다의 정취를 그대로 느낀 시간이었다.

무엇보다도 바닷물이 밀려 나간 시간, 바다 위(지도상으로 바다로 표시)를 걸으며 경험한 '신기한 모래바람 체험'은 오래도록 기억될 명장면이었다. 안면도 자연휴양림(충청남도 산림자원연구소 태안사무소)에 들려 소나무 천연림과 전통 정원, 생태 테마원의 자연 숲 정원도 고스란히 맛보았다.

소나무 숲에서 맞은 점심도, 정현석 이사장님의 안면도 안가에서 만난 최고의 식사도 두고두고 기억하고픈 따뜻한 시간이었다. 바로 이 맛이 걷자 행복의 맛이렷다. 역시 행발모는 행복을 발견하는 모임 맞구나.

안면도 드르니항 – 대하랑꽃게랑육교 – 백사장항 – 삼봉해변 – 기지포해변 – 안면해변 – 두여해변 – 안면도 자연휴양림 – 꽃지해수욕장 – 안면도안가

행복쟁이들이 이번에는 정겨움과 따뜻함이 묻어나는 곳,
정릉천과 종암동, 길음동, 정릉동으로 다녀왔다.

이번엔 5호선 마장역을 출발하여
고산자교(대동여지도의 김정호) 인근에서 정릉천을 따라
제기동역과 종암대교까지 천변길을 따라 걸었다.

거기에서 바로 근처에 있는
국립산림과학원에 들러 신록과 나무들을 만났고.
다시 정릉천을 건너 북악산로를 따라
개운산과 미아리 구름다리까지 걸었다.

시간이 안 되어 아리랑 고개길, 정릉에는 가지 못해 아쉬웠다.

시와 문화가 함께 하는 행발모,
이번에는 시인 신경림 선생의 시 '정릉동 동방주택에서 길음시장까지'와
이육사 선생의 '청포도'를 만났다.

북한산 둘레길 3, 4, 5길

화계역 – 이준열사 묘역 – 화계사 – 구름전망대 – 북한산 생태숲 – 정릉주차장 – (북한산 형제봉입구 – 평창동 미술관) – 정릉 길음시장

작열하는 7월의 태양을 살짝 피해 북한산 둘레길 숲으로 다녀왔다. 북한산 둘레길 3구간 흰구름길, 4구간 솔샘길, 5구간 명상길이 바로 그곳이다. 우이신설 경전철을 타고 화계역에서 만나 이준 열사 묘역에서 걸음을 시작하여 화계사, 구름전망대, 북한산생태숲, 정릉주차장까지(북한산 형제봉 입구까지 가지 못함) 대부분은 북한산 숲길이지만 군데군데 정릉 인근 마을 길도 만났다.

시와 문화가 있는 행발모,
시를 통해 민중혁명을 되새기고 통일을 염원했던 민족시인이자 참여 시인인 장편 서사시 '금강'의 주인공인 신동엽 시인을 만났다.

북한산 숲에서 우귀옥 선생이 신동엽 시인의 '껍데기는 가라'를 낭송한 것, 길음시장 순댓국을 먹으며 황용희 친구의 '웨딩드레스' 노래를 들은 것도 추억으로 쌓였다.

남산숲둘레길

깊은 여름 8월을 뚫고 남산 숲으로 갔다. 가장 가까이 있음에도 제대로 걸어본 사람이 많지 않은 서울의 중심 목멱산(남산)~! 아는 분이 많겠지만, 남산은 서울 중구와 용산구의 경계부에 있는 산으로 높이는 262m이다. 원래 본이름은 목멱산木覓山인데 목멱산이란 옛말의 '마뫼'로 곧 남산이란 뜻이라고 한다.

회현역에서 출발, 주로 남산 둘레길 북측 길을 걸었다. 한여름인 만큼 무리하지 않고 숲길을 따라 여여한 발걸음을 옮긴 12인의 행복쟁이들~, 점심 식사 때 한 사람이 합류하여 13인~.

시와 문화가 있는 행발모, 이번에는 남산에 시비가 있는 김소월 시인과 조지훈 시인을 만났다.

더위와 휴가철 영향으로 많은 분이 함께 하지는 못했지만 여유 있고, 즐거운 발걸음이었다. 더웠지만 귀차니즘을 이겨내면 언제든 세렌디피티가 바로 나의 것이 됨을 확인한 날이었다.

회현역 – 소월로 – 소파로 – 백범광장 – 안중근기념관 – 소월시비 – 목멱산방 – 조지훈 시비 – 남산 북측 둘레길 –
국립극장 – 장충단공원 – 동대입구역

2018. 8. 4

여름의 끝에서 쾌청한 날씨 속에 탄천 길을 걸었다. 종전의 탄천 길이 강물의 흐름을 따라 한강 쪽으로 걸었다면 이번엔 물의 흐름을 거슬러 발원지로 가는 쪽으로 걸었다. 여름과 가을의 교차점에서 천변의 수많은 꽃을 만났다. 역시 느리게, 자세히 보아야 예쁘다. 김주영 님으로부터 탄천에 대한 설명도 듣고.

탄천은 우리말로는 숯내라고 하며 성남시의 옛 지명인 탄리炭里에서 유래되었 다고 한다. 양재천과 창곡천, 세곡천, 상적천, 여수천, 분당천, 동막천, 성복천 등을 품어 안고 흐르는 탄천은 서울 송파와 성남, 용인 시민들의 삶을 그대로 녹여내며 오늘도 거기에서 함께 하며 유유히 흘러가고 있다.

태풍으로 비가 내린 날, 가을 정취 속에 경복궁과 경희궁, 덕수궁, 아관파천 고종의 길 등을 걸었다. 모처럼 고즈넉한 궁궐 길을 걸으며 여유를 누렸다. 경복궁 탐방과 경복궁 둘레를 한 바퀴 돌고, 경희궁을 거쳐 덕수궁과 덕수궁 돌담길도 함께 걸으며 역사와 문화를 함께 음미했다. 거기에 최근 새롭게 단장한 아관파천 고종의 길(일본의 위협을 피해 고종이 러시아공사관으로 피신한 아픈 역사)에도 다녀왔다.

이번 경복궁, 경희궁, 덕수궁 역사 문화길은 조선정도 600년 프로젝트를 주도했던 윤경용 박사(당시 시공테크 초대 연구소장)가 안내했다. 걷기 시작 전에 모처에서 모닝커피를 마시며 궁과 궐에 관해 사전 공부도 하고…

만경강 가을 소풍길

만경창파萬頃蒼波라는 말이 있듯이 한없이 넓고 푸른 바다처럼
들판이 펼쳐지는 곳, 그곳을 흐르는 강이 바로 만경강이다.

곡창지대이다 보니 일제의 수탈 현장의 중심이었고,
아직도 그 흔적이 곳곳에 남아있기도 하다.

바로 그곳을 40명의 행복쟁이들이 걸었다.
대장촌이라 불리는 춘포역(폐역)에서 시작하여 에토가옥에서
특별한 파티(차와 떡, 과일)로 감동어린 시간을 가진 후 만경강을 걸었다.

가을 억새가 마음을 따뜻하게 후비고,
불어오는 가을바람에 '맛있는 삶'을 그대로 느끼고 누렸다.
만경강 노을 또한 일품!!

사당역 출발- 만경강 익산 춘포역(폐역) 도착- 춘포 마실길 걷기(1.5km) – 춘포역 점심(잔치국수) / 각자 준비한 음식
나눠먹기- 차담 나누기(에토가옥 / 과일,떡) – 만경강 들길 걷기(7km, 춘포역–삼례)– 저녁 노을 감상 및 삼례문화
예술촌 탐방 – 저녁식사(삼례 맛집)– 10시경 서울 도착

이렇게 만경강 소풍이 끝이 났다. 늘 그랬지만 기대 이상,
세렌디피티의 날 그대로였다. 아름다운 만경강에 아름다운
사람들이 함께했으니….

즐거운 시간 함께 한 모든 님들이 그대로 행복쟁이~.
수고해 준 만경강 사랑 지킴이 손안나 님께 진한 고마움을
전한다.(현지에서 합류한 은경님, 선주님! 반갑고 고마웠어요) 함께 한
50여 님들, 즐겁고 고마웠어요. 수고 많으셨구요.

69번째, 12월 송년 행발모,
남한산성 둘레길 5코스로 다녀왔다.

이번 행발모는 산성역을 거쳐 관리사무소에서 출발하여
동문부터 성 전체를 한 바퀴 돌아오는 여정으로 진행할 예정이었지만
동문-북문-서문-수어장대까지만…

겨울 서정을 만끽하며 25명이 알콩달콩 즐겁게 걸었다.
군데군데 눈의 흔적들이 있는 성곽길을 따라 걷다 보니
지난 역사의 아픔이 마음을 헤집고 들어왔다.

행발모는 때로는 자연을,
때로는 역사를, 때로는 삶을 걷고 있구나.

2019년 행발모는 내가 사는 마을을 사랑하고 자랑할 때 행복도가 높아질 수 있음을 알기에 그 마을의 길을 따라 걸으며 마을 공부를 하는 프로그램으로~.

"사랑하면 알게 되고, 알면 보이나니, 그때 보이는 것은 전과 같지 않으리라." 유홍준 교수는 '나의 문화 유산답사기'에서 말했다. 마을은 공동체의 기초다. 기초학문이나 기초과학이 그러하고 건물에도 기초가 중요하듯 기초공동체인 마을이 제자리에 서고 살아나야 지속 가능한 삶이 가능하게 된다. 마을은 우리 온몸에 퍼져 있어 생명을 불어넣는 실핏줄 같은 존재다. 2019년 기해년 황금돼지의 해에는 이런 마을의 길을 찾아 걸어보자는 의미로…. 내가 사는 마을을 사랑하면 알게 될 것이고, 알면 보이게 되고, 그때 보이는 것은 전과 같지 않을 것이다. 첫 번째 1월에는 행발모 첫 번째 시작지인 서울숲에서 응봉산과 매봉산, 국립극장을 거쳐 장충단공원까지 걸으며 성동구의 성수동과 응봉동, 옥수동, 금호동, 중구의 약수동과 장충동을 알아보는 시간이었다. 서울의 마을을 걸은 날! 아는 만큼 느끼고 느낀 만큼 사랑하게 되었으리라 믿으며….

6호선 버티고개역에서 출발하여 남산 순환길, 경리단길, 회나무길을 거쳐 해방촌, 다시 남산 순환길을 따라 걷다가 후암동 길, 두텁바위로를 거쳐 서울역까지 걸었다.

행정구역으로 보면 중구 약수동에서 출발하여 용산구 이태원동, 용산동을 거쳐 후암동을 지났다.

경리단길, 후암동 길 등을 걸으며 남산 아래 용산의 맨얼굴과 마주하며 이태원, 후암동 마을의 이야기와 정취를 함께 느껴본 좋은 시간이었다.

2019년은 3.1운동 100주년 되는 해. 이번에 걸은 100주년 기념 걷기는 종로3가역에서 시작하여 탑골공원, 승동교회, 태화관, 안국역 일대, 중앙고를 거쳐 보성사 터, 경교장, 서대문역, 영천시장, 독립문, 서대문 형무소에 이르는 길. 마을로는 탑골공원이 있는 종로2가, 승동교회와 태화관이 있는 인사동, 독립운동의 요람지인 안국동(안국역 일대), 중앙고가 있는 계동과 인근 재동, 북촌, 보성사 터가 있는 수송동, 조계사가 있는 견지동, 경교장이 있는 평동, 독립문 가는 길에 만나는 서대문구 영천동과 서대문형무소가 있는 현저동 등을 만났다. 길을 걸으면서 3·1운동의 100년과 독립운동의 역사를 느끼고, 지금 우리가 어떤 삶을 살아야 하는지 함께 생각해보는 시간이 되었다. 100년 전 선열들은 때론 목숨을 내걸고 이 땅의 독립을 위해 애쓰셨는데…. 해야 할 바를 하고 우리 후손들에게 자랑스러운 공동체를 물려주어야겠지. 함께한 37인의 행복쟁이들과 마음을 모은다.

땅끝 해남 달마고도길

첫째날
교대역 출발(6시 50분) – 죽전정류장(7시 20분) – 해남도착(12시 30분) 점심식사 – 달마고도길 1, 2, 3 코스 걷기 (12.7km) – 저녁식사 및 행복뒷풀이 – 취침(해남 땅끝황토나라 테마촌)

봄이 오는 길목 저 멀리 해남 땅끝 달마고도로 행복쟁이 43명이 즐겁게 다녀왔다. '천년의 세월을 품은 태고의 땅으로 낮달을 찾아 떠나는 구도의 길'이라는 이름으로 조성한 달마고도는 해남군과 미황사가 공동으로 기획하여 송지면 미황사와 달마산 일원에 조성하였으며, 걷기에 그리 어렵지 않은 해발 300미터 능선에 총 17.47km로 미황사에서 큰바람재, 노시랑골, 몰고리재로 이어지는 구간이다.

달마고도가 다른 둘레길과 다른 점은 순수 인력으로만 작업을 한 정성스러운 길이라는 점이다. 전 구간에서 돌흙막이, 돌계단, 돌문히기, 돌붙임, 돌횡배수대 등을 만날 수 있는데, 이 모든 과정을 외부 자재와 장비 없이 순수 인력으로 공사를 진행함으로써 자연 그대로의 아름다움을 느낄 수 있도록 하였다. 이렇게 처음으로 도전한 1박 2일의 해남 땅끝 달마고도 행발모! 처음엔 작은 두려움이 없지 않았지만 부딪혀 해 보니 정말 잘했다는 생각이…

둘째날
아침식사(8시) - 달마고도길 4코스 걷기(8시 30분~ 11시) - 미황사 금강스님과 함께 - 점심(12시) -해남투어
(대흥사-윤선도 유적지-고정희생가등)- 해남 출발(이른 식사후 오후5시 출발) - 서울 도착(오후 10시)

2019.4.6.~7

워낙 먼 곳이고, 이렇게 많은 좋은 사람들이 함께한다는 것이 쉽지 않기에 하늘이 내린
기회라는 생각이 들었다. 한 걸음 한 걸음 걸으며 삶을 음미했고, 그대로의 느낌을 온
전히 받아들였다. 즐겁고 고마운 시간… 한없이. 함께 대군을 이끈 정옥란, 김성
영, 김성희, 송도영, 육현수 님께 감사드린다. 무엇보다 큰 힘이 되어주신 미황사 금
강 주지 스님, 종무실 가족들, 완도 전복을 한 아름 선물해주신 거북선 제조장인 마광
남 소장님께 큰마음으로 고마운 인사를 드린다. 그리고 길 위에서 만난 좋은 인연의 수
많은 사람에게도, 꽃과 나무, 자연들에게도…. 언젠가 추억이 되었을 때 다시 가보리라.

Chapter 4. 우리는 이렇게 걸었다

서초동 길

약 8 km, 4시간 남짓 소요, 27명 참석

고속터미널역(3번출구) - 서리풀공원 - 누에다리(국립중앙도서관) - 몽마르뜨공원 - 서리풀터널 - 효령대군묘 - 방배역 - 매봉재산 - 남부순환로 - 예술의전당(우면산입구) - 남부터미널

2019. 5. 4

이번 행발모는 서초의 중심인 고속버스터미널 서리풀 공원에서 시작, 국립중앙도서관, 몽마르트 공원, 효령대군 묘, 방배역, 매봉재산, 예술의 전당, 우면산과 남부 터미널에 이르는 길을 걸었다. 마을로 보면 서초구 반포동과 방배동, 서초동을 걸었는데, 일상생활에서 늘 스쳐 가는 곳이지만 서초의 속살을 만난 것도 충분히 의미와 재미가 있었다. 서초 한복판에 아름다운 길이 있었다. 몇 해 전 추운 겨울날에 걸었던 느낌과는 사뭇 달랐다. 숲도 자연도 사람도 아름다웠던 날, 세월이 흘러 먼 훗날, 이 또한 아름다운 추억이 될 거라 믿는다.

초안산~경춘선 숲길

총 7km, 3시간 30분 소요, 22명 참석

월계역(2번출구) - 인덕대 - 월계고등학교 - 초안산 - 중랑천길 - 경춘선 숲길 시작 - 중랑천 - 하계동 - 공릉동 - 화랑대역 - 육사삼거리

2019. 6. 1

2019년은 마을 길을 걸으며 마을을 공부하고 있는데, 이번엔 경춘선 숲길을 따라 노원구 월계동과 하계동, 공릉동의 마을을 다녀왔다. 아울러 조선시대 왕의 남자들의 무덤과 문인석과 무인석들이 즐비한 역사 현장인 초안산에도 들렀다. 1호선 월계역에서 모여 초안산을 먼저 들른 후 월계동을 시작으로 중랑천을 넘어 하계동과 공릉동을 지나 화랑대역까지 경춘선 숲길을 걸었다. 초안산의 숨겨진 매력, 중랑천의 세렌디피티, 경춘선 숲길의 아기자기한 맛이 어우러진 최고의 길이 선물처럼 우리에게 주어졌다. 살아서 걸을 수 있는 즐거움보다 더 큰 게 어디 있을까? 함께 한 행복쟁이들이 고맙고 고마울 뿐….

광릉숲길과 국립수목원길

경기도 동북쪽 봉선사와 광릉, 국립수목원의 싱그런 여름 풍경을 만나고 왔다. 대한불교조계종 25교구 본사인 유서 깊은 봉선사와, 조선 7대 왕인 세조와 비인 정희왕후 윤씨의 무덤이 있는 광릉, 그리고 천연 숲과 산림박물관이 있는 우리나라 최고의 수목원인 국립수목원을 걸었다. 행발모 멤버이기도 한 국립수목원 이정호 과장이 안내했다.

김재은, 신동설, 김정혜, 심정숙, 박애련, 정용식, 장경숙, 김창화, 김진주, 최원일, 이한복, 윤광원, 윤경용, 김정이, 안현순, 한예나, 오정석, 김면수, 한승국, 장은영, 박화자, 조문희, 황용희, 정석균, 이상엽, 최춘호, 김영이, 이정호, 배미경, 손광철, 강춘식, 정옥란, 김성희, 문성훈, 이선희, 오창곤, 장학진, 정차숙, 최봉길, 도한숙, 노민정, 유미숙, 정현구, 방미란, 손태석, 김금자, 김민조, 송도영, 이일형, 권미화, 유미란, 오현주, 정영미, 이혜정, 임동욱, 조규호, 이강무, 장봉석, 소광영, 박영욱, 고갑현, 김혜경, 박영희, 전인숙, 최행순, 엄윤선, 이화임, 장미자, 박현숙, 유소정, 최일천, 안광석, 손웅희, 김주호, 최선영, 권경해, 신동희, 조규진, 이철희, 유향우, 정임전, 양지명, 박현지, 김명진, 오양순, 김민정, 김승훈, 성현정, 허 일, 손경화, 장기철, 김상병, 육윤희, 박종선, 이지연, 이미숙, 임갑순, 오용균, 전지현(가명) 등 총 99명

봉선사 산책 – 광릉내 – 국립수목원(견학 및 걷기 / 이정호박사 안내) – 수목원내 점심(소풍 점심 준비) – 광릉내 –
봉선사 – 간단한 휴식 겸 뒷풀이

2019.7.6

76번째 행발모, 99명의 大부대의 장정이 끝
났다. 함께 한다는 것의 즐거운 맛을 그대
로 느낀 시간~. 고맙고 즐겁고 고마운 날.

카풀로 도와주신 님들, 좋은 인연들과
함께 오신 님들, 안내와 해설을 해 주신
이정호 박사님, 멋진 사진을 찍어주신 손
광철, 최원일, 강춘식, 송도영 그리고 김
재은 등…. 무엇보다 이 멋진 행복 소풍
에 함께 한 모든 행발모의 아름다운 사람
들…. 참 고맙습니다.

북한산 둘레길 8코스 구름정원길과 9코스 마실길, 그리고 진관사 숲길로 다녀왔다. 이전 행발모에서 일부 구간을 다녀온 바 있는데, 이번에 걸은 길은 물길과 흙길, 숲길이 어우러지는 길이다.

아주 아주 무더웠던 날, 40여 명의 행복쟁이들이 더위와 친구하며 사드락 사드락 걸었다. 너무 더워 도착지에서 계곡물에서 물장구로도 부족했던 날, 한참을 기다려 겨우 김치찌개를 먹었던 것도 추억으로 남았다. 모인 후에 진관사 찻집에서 한바탕 쏟아진 소나기에 능소화가 지는 모습을 보며 먹은 팥빙수도 선명한 아름다움으로…

불광역 북한산 생태공원 – 불광사 – 독바위역 윗길 – 불광중학교 – 선림사 입구 – 기자촌 – 코스모스 다리(진광생태 다리) – 은평 한옥마을 – 진관숲길. 진관사 – 삼천길. 삼천사입구 – 방패 교육대 앞

2019.8. 3

경의선 숲길~ 홍제천길

불청객 태풍 링링의 방문에도 아랑곳하지 않고
낭만의 경의선 숲길과 홍제천을 거쳐 인왕시장(홍제역)까지 다녀왔다.

마을 길과 숲길, 강길이 어우러지는 소소한 산책길~.
이번 여정에서는 용산구 효창동을 시작으로
마포구 공덕동과 염리동, 신수동, 연남동과 서대문구 연희동,
홍은동과 홍제동을 지나는 길~.

사드락 사드락 터덜터덜 뚜벅뚜벅!

태풍 링링이 무서웠나 보다.
출발시간이 다 되어가는데 태풍 전야처럼 고요하다.

오늘 참석자는 나중에 소명섭 이사의 합류까지 총 8명!
미리 밝히지만, 태풍과는 아무런 관계없이 최고의 환경에서 걸었다는 것,
그리고 목표지점까지 완주했다는 것! 그대로 세렌디피티의 날!!!

이렇게 태풍 링링의 보우하심으로 무탈하게 끝났다.
여름의 끝이었지만 시원한 바람에 비까지 살짝 내려주어 걷기에 최고의 시간~.

태풍의 위협에도 굴하지 않고 함께 한 8인의 행복쟁이들에게 큰 박수를 보낸다.

삶은 늘 변화무쌍하다. 선택 여부는 오롯이 나에게 달려있다.

효창공원역 경의선숲길 시작 - 공덕역 - 염리동/신수동 - 홍대입구역 - 연남동 - 가좌역 - 홍제천 - 인왕시장(홍제역)

2019. 9. 7

대전투어 소풍

42명 참석

* 일정 : 8시 서울 교대역 출발 – 8시 30분 경부고속도로 죽전정류장 – 10시 30분 장태산휴양림 도착 / 산책 – 점심
　　　 – 한밭수목원 / (이응노 미술관) – 성심당 – 5시 대전출발 – 7시 서울 교대역 도착
* 후원 : 한국관광공사, 산림청, 대전광역시
* 안내 : 사회적 기업 여행문화산책

009

2019. 10. 5

우연히 오게 되었지만 세렌디피티 여행이 따로
없다. 장태산의 푸른 숲, 한밭수목원의 갖가지
꽃들과 특별한 연주음악회와 댄스, 성심당의
빵 내음까지⋯. 고맙고 즐거운 시간⋯.

먼저 인연을 이어주고 사진 촬영까지 해 준 대
전의 블로거 이정희 님, 안내해 주신 여행문화
학교 산책의 최영조 팀장님, 최고의 공연, 해금
연주를 해 준 김미숙 선생님, 동행하여 응원해
준 대전 시청자미디어센터의 홍미애 센터장님,
그리고 대전의 예쁜 동생 임재은 님⋯.

무엇보다 버스 가득 함께 한 행복쟁이님들!
수고 많으셨고 고맙습니다.

가을 행복소풍/봉화 외씨버선길

약 12km, 40명 참석

국립 백두대간 수목원-외씨버선길(9길):춘양목 솔향기길

2019. 11. 2

지난 2017년
봄-섬진강, 가을-월악산 미륵송계길.

2018년
봄-안면도, 가을-만경강 억새/갈대길.

2019년
봄-해남 달마고도에 이어 이번 가을엔 우리나
라 대표 청정지역인 청송-영양-봉화-영월의 4
개 군이 모여 만든 4色 매력 외씨버선길(이 4색
길이 합쳐지면 조지훈 시인의 승무에 나오는 외씨버
선과 같다 하며 그렇게 불림)이 바로 그곳이다.

이번에는 외씨버선길 중 백두산 호랑이를 만날
수 있는 국립백두대간 수목원을 돌아보고 춘
양목 군락지 등 춘양목의 솔향길을 따라 걷는
아홉 번째 길인 춘양 목솔향기길을 걸었다.

백두대간 수목원에서 가을의 향기와 만나고
외씨버선길을 느릿느릿 걸으면서 또 하나의
나를 발견하고, 저 깊은 곳에 감춰진 그리움과
따뜻한 정情을 만났음은 물론이다.
소나무 가을 숲길, 주렁주렁 매달린 빨간 사과,
주황빛 감나무….

함께 한 아름다운 가을 소풍 길은 오래도록 기억될 듯하다.

이렇게 가을 행복 소풍이 마무리되었다.
행발모 소풍은 한 번도 우리를 배신하지 않았다.
그냥 그대로 걷고 즐기고, 웃고 떠들고,
그리고 44명의 행복쟁이들은 오늘도 행복했다.
외씨버선길 중 아주 쬐끔 걸었지만,
행복은 그보다 훨씬 많았다. 힐링이 절로,
번뇌가 모두 사라진 듯….
그렇게 우리는 걸었을 뿐인데….

남산순환길 – 매봉산 – 옥수동

총 약 7km 3시간 30분 소요, 20명 참석

서울역 – 힐튼호텔 앞길 – 남산공원 – 남산순환로 – 하얏트호텔 – 장충 / 약수 3거리 – 국립극장 – 매봉산 – 옥수역 –
옥수동 달맞이봉

2019. 12. 7

이번 행발모는 서울역에서 남산공원과 남산순환로, 국립극장,
그리고 3구(용산구/중구/성동구)가 만나는 매봉산을 거쳐 옥수
동 달맞이봉에 이르는 길을 걸었다. 특히 굽이굽이 돌아가는
남산순환로를 걸으며 아랫마을과 저 멀리 한강, 관악산을 내려
다보며 다사다난한 한 해를 돌아보는 시간을 가졌다.

쌀쌀한 날씨, 이따금 내리는 진눈깨비 속에 20여 명의 행복쟁이
들이 걸었다. 옥수동에서는 점심 겸 송년회를 간단하게 하고…
이강무 대표의 어리버리 마술도 기억에 남았고, 앤디 박사의
피아노 솜씨도 살짝… 이렇게 한 해가 다시 저문다.

새해부터 행발모는 이야기와 컨텐츠가 있는 프로그램으로 진행하고자 사람, 책과 함께 공간과 사람, 철학과 문화예술, 인문의 숲을 걷는 시간이 될 것이라 여기며. 이에 따라 좀 더 풍요롭고 알찬 행발모가 될 거라는 믿음으로….

그런 의미로 새해 첫 번째 행발모는 남양주와 양평의 북한강을 걸었다. 중앙선 운길산역에서 시작, 남양주 물의 정원, 두물머리(양수) 생태공원과 두물머리를 거쳐 운길산역으로 돌아오는 여정이었다.

사람책으로는 한국유머전략연구소 최규상 소장과 '유머로 열어가는 새해'에 대한 이야기를 나누었다. 여러모로 어려운 시기이지만 그런데도 유머를 통해 위안과 용기를 얻고 기꺼이 굳세게 삶을 헤쳐 나갈 힘을 얻는 시간이 되었음은 물론이다. 어디로 가든 작은 행복을 발견할 수 있다는 것이 참 좋다. 북한강과 두물머리…. 다시 새로운 추억이 쌓였다. 끝내 잊힐지도 모르지만….

운길산역 하차- 남양주 물의정원- 북한강철교- 양수생태공원- 두물경 - 두물머리 느티나무- 양수리 산책로-
양수리 은행나무- 북한강 철교-운길산역
*식사 후 '강이다' 카페에서 '유머로 열어가는 새해' 이야기 나누기

2020. 1. 4

영월(＋정선 고한) 겨울 소풍

겨울 낭만과 서정이 있는 특별한 여정으로 조선시대 비운의 왕 단종과 관련된 충절의 역사와 김삿갓의 풍류를 간직하고 있는 영월 걷기와 겨울 기차여행이 결합하여 환상적인 시간이 되었다. 영월은 가히 단종의 도시이다. 먼저 버스로 영월에 도착하여 단종의 유배지이자 국가 명승 제50호인 청령포로 배를 타고 건너가 애달픈 단종의 역사를 만나고, 서강, 단종 유배길을 따라 국가 명승 제76호로 지정된 선돌에도 들려 영월의

서울 - 영월 청령포 - 노산대 - (단종유배길 -인륜의 길) - 장릉 / 단종역사관 / 엄흥도기념관 - 선돌 - 영월읍내 - 관풍헌 - 영월역까지 총 10km 걷기후 영월역 - 고한역(정선)까지 기차여행 - 이른 저녁식사 - 귀경

2020. 2. 1

매력에 빠져보고, 이어서 단종의 묘가 있는 장릉, 단종의 시신을 수습하여 모신 호장 엄흥도를 기념하는 엄흥도 기념관에도 들렀다. 이어 단종의 마지막 장소인 관풍헌에 도 들르고…. 이어서 영월역에서 기차를 타고 정선 고한역까지 가면서 겨울 기차여행의 참맛을 온전히 느낀 시간이었다. 청령포와 선돌, 하얀 눈을 만난 고한역 풍경이 지금도 눈에 선하다.

인왕산 각자 행발모하고 영천시장 맛집 석교
식당에서 순댓국~.
의정부역을 출발해 가능역과 녹양역을 지나
양주역에 이르는 중랑천 북쪽길.
여의도에서 국사봉, 동작 충효길~.
가평 호명산, 호명호수~ 호젓하고 좋아요.

노원 시립과학관−한글영비−더불어숲 뒷산−
백사마을−천수텃밭−불암도서관, 노원구에서
중랑구 광진구 성동구까지 4시간 걸었다.

의정부 사패산, 장흥 천관산, 앵봉산−서오릉,
강서구 봉제산 둘레길, 사색의 길을 가다.

수원 화성−광교 저수지, 봉은사 홍매화 소풍,
개포동~압구정동. 선정릉과 봉은사 소풍 등등.

광진 둘레길

총 11 km 약 4시간 소요, 17명 참석

광나루역 – 올림픽대교 – 잠실대교 – 뚝섬유원지역 – 건대입구역 – 어린이대공원역 – 어린이대공원 – 아차산역(어린이 대공원역)

2020. 4. 4

코로나19 상황이 녹록지 않지만, 4월(4일) 85번째 행발모 는 '사회적 거리 두기'를 염두에 두고 최대한 안전한 준비 를 통해 진행했다. 평소보다 많은 님들이 함께하진 못했지 만… 이번 행발모는 광진 둘레길 중 일부인 특별한 길을 걸 었다. 광나루역에서 출발, 한강을 따라 올림픽대교, 잠실대 교를 거쳐 청담대교의 뚝섬유원지역, 건대역, 어린이대공 원에 이르는 길이었다. 강바람을 맞으며 4월의 봄을 느껴 보고, 벚꽃과 신록이 어우러진 어린이대공원에서 봄의 고 갱이를 만났다. 코로나19 감염예방의 일환으로 최대한 야 외활동으로 각자 도시락을 준비하여 어린이대공원에서 '소 풍 점심', 그날 모두가 타임머신을 타고 수십 년 전으로 돌 아가 '어른이'가 되었다. 한강에서 봄꽃들과 유희를 즐기고, 뚝섬유원지에서 걷기 명상 체험. 어린이대공원에서 만난 화사한 벚꽃 퍼레이드가 아직도 뇌리에 각인되어 있다.

Chapter 4. 우리는 이렇게 걸었다　235

태백산 금대봉 야생화 소풍

태백산국립공원 권역인 금대봉에서 (대덕산을 거쳐) 검룡소에 이르는 길로
야생화 소풍길을 다녀왔다.

두문불출의 유래가 된 두문동재(싸리골)에서 시작하여
금대봉에서 분주령에 이르는 야생화 천국을 지나 (대덕산),
한강의 발원지인 검룡소를 거쳐 검룡소 주차장까지 산길을 걸었다.

버스 도착지이자 출발지인 두문동재가 이미 거의 1,300m(1,268m)이어서
금대봉(1,418m), 분주령(1,080m) 등을 오르는 데는 그리 힘들지 않았다.

태백산국립공원의 자연 생태해설사 세 분이 동행하여 더욱 유익한 시간을 보냈고,
자연스럽게 세 팀으로 나누어 야생화 탐방~.
노루귀, 얼레지, 현호색, 물양지꽃, 짚신나물 ….

서울(교대역) - 두문동재(10시30분) - 금대봉 - 고목나무샘 - 분주령 - (대덕산) - 검룡소 - 검룡소 주차장(4시)

2020. 5. 2

보름 정도 늦게 왔더라면 하는 아쉬움이 남았지만….
야생화를 그토록 살갑게 만난 것은
커다란 행운이자 축복이었다.

아직 차가운 느낌이 남아있었지만
야생화 소풍을 통해 힐링의 시간이 되었다.
특별히 우리 일행을 배려해 준
국립공원공단 김 이사님께 감사~.

맑은 행복의 도시 양평과 싱그럽고 호젓한 남한강을 걷는
여정으로 다녀왔다.

양평 물소리길 중 버드나무 나루께길 건너편쯤이 되겠다.
경의중앙선 열차를 타고 양평역에 가서 양평읍내와 남한강
을 걷고, 특별한 곳(?)에서 잠시 쉬는 시간도 가졌다.

남한강까지 차와 간식을 준비해주고, 특별한 아지트로 초대
하여 환대해 준 금영님, 노오란 금계국과 함께 한 남한강 걷
기는 지금도 화사한 기억으로 남아있다. 코로나19를 뚫고
함께 하여 행복한 발걸음을 나눈 멋진 님들 덕분이다.

7월의 여름을 뚫고 강서둘레길로 다녀왔다. 강서구의 서측 개화산과 치현산, 서남환경공원, 강서한강공원을 연결하여 강서구의 생태, 역사 문화, 자연경관 등을 맛볼 수 있는 아늑하고 소담한 길이다. 실제로는 개화산 둘레길을 돌고 나서 치현산 입구에서 멈추고 말았다. 때론 함께 하다 보면 이런 일이 생기기도 한다. 뭐 문제일 것은 없지만. 게다가 김포공항이 내려다보이는 하늘길 전망대에 와서야 오래전에 다녀간 곳임을 알아차렸다. 뭐 또 오면 어떤가. 오늘의 특별함은 뮤직앤라이프 코치인 지혜 씨가 시간을 내서 찾아와 즐거운 노래를 선물해 준 것! 얼마나 고맙던지…. 김광석의 '잊어야 한다는 마음으로', '서른 즈음에' 등 즐겁고 신나는 노래를 들려준 그날의 행발모는 더욱 특별했다.

탄천과 세곡천길, 대모산 숲길 걷기. 강남과 송파를 가르는 탄천길을 걷다가 아담한 세곡천길을 걸으며 8월의 열기를 식히고, 삶의 찌꺼기도 씻어버렸다. 이번은 출발 전에 도시공학 전문가인 서울시립대 정석 교수를 초대하여 잠시 '걷도 행도(걷는 도시 행복한 도시)'에 대한 미니 특강을 듣는 시간도 가졌다.

세곡천길에서 시원한 팥빙수를 먹은 것은 안 비밀~.
그런데 방황 청소년처럼 길을 잃었다가 겨우 찾아 대모산에 올랐는데, 거센 비를 만나 '비맞은 생쥐꼴'이 되었다. 비가 올 줄은 알았지만, 이토록 무지막지한 소나기일 줄은···. 인생살이 정말 알 수가 없다는 것을 다시 확인한 날···. 사진도 제대로 못 찍고 겨우겨우 마무리한 날, 이 또한 추억의 창고에 쌓였다.

코로나 상황이 위중하여 지난 3월처럼 어쩔 수 없이 각자 행발모!

송파팀은 남한산성~ 살얼음 막걸리 맛이 최고였다는~.

노원 행발모는 경춘선 숲길~ 아름다운 자매~

구리 행발모는 용마산과 아차산~

북한산에도 가고 두 사람은 도림천길을 따라 신도림역에서 서울대까지~.

한적하고 좋네요~. 송파행발모 이강무 대장은 송파길을 걸었고….

코로나로 인해 함께 하진 못했지만, 각자의 터전에서 수고들 많으셨어요~.

10월 10일(토), 군포 수리산의 가을을 만나고 왔다.
(첫 번째 토요일이 추석 연휴라 부득이 두 번째 토요일로)

수리산은 한강 남쪽에서 서울을 감싸듯이 능선이 길게 뻗어있고,
봄에는 진달래가, 가을엔 아기자기한 가을 잎들이 아름다운 산이다.
비교적 완만한 능선으로 되어 있어 편안하게 걸을 수 있었다.

이번 행발모는 수리산역에서 출발하여
임도길인 풍경소리길과 구름산책길을 돌아
수리사를 거쳐 대야미역까지 걸었다.

코스모스와 가을 서정을 그대로 느끼고 즐긴 날!!!

익산 행복 소풍

총 27명 참석

왕궁리 유적지(5층 석탑 / 국보289호) - 고도리 석불입상 - 익산 토성(점심식사) - 구룡마을(대나무숲) - 미륵사지 (석탑) - 국립익산박물관 - 함열 중촌마을(대장 고향집) - 함라향교 / 3부잣집 - 웅포 곰개나루(금강) - 저녁식사 - 서울로 출발(오후6시 30분경)

092

2020. 11. 7

92번째 행발모, 가을 소풍은 유네스코 세계문화유산 백제유적지구인 고도 익산으로 다녀왔다. 익산은 삼한 중의 하나인 마한의 도읍지였고, 백제 30대 무왕과 신라 선화공주의 사랑 이야기인 서동요의 고장이기도 하다.

> 선화 공주니믄(선화 공주님은)
> 남 그즈지 얼어 두고(남몰래 시집을 가서)
> 맛둥 방을(맛둥 서방을)
> 바매 몰 안고 가다.(밤에 몰래 안고 잔다)
> _《삼국유사》, '서동요'

2015년 익산 왕궁리 유적과 미륵사지가 유네스코 세계문화유산으로 지정되었다. 익산 가을 소풍은 두 유적지를 중심으로 가을빛을 따라 천년 고도인 익산 곳곳의 역사와 문화, 자연을 만나는 시간이었다. 특별히 행발모 대장의 생일이라 축하 파티를 네 번이나… 고향 집에 들러 부모님을 뵙고 '어버이 은혜' 노래를 부르고, 함라 한옥마을에선 기타동아리의 연주로 축하 노래 감상도 하고… 특별한 익산 행복 여행, 그대로 충분한 행복 마당이었다. 참 좋았다.

한 해를 차분하게 마무리하는 의미로 강남 둘레길 중
1코스인 매봉역에서 수서역에 이르는 명품하천길을 걸었다.

3호선 매봉역에서 시작하여 양재천과 탄천을 지나 수서역까지,
생각보다 진도가 빨라져 세곡천 입구까지 다녀왔다.
뚜벅뚜벅 걷다 보니 한 해의 정리와 새로운 시작이 함께 생각해 보는 시간이었다.

코로나로 인해 많은 분이 함께 하지 못했지만 오붓하게 잘 다녀왔다.
소소하고 따뜻한 시간…. 삶은 이래서 묘미가 있다.

많은 사람들이 함께하는 와자지껄 행복이 있는가 하면
몇몇이 가족 같은 분위기로 오붓한 맛이 있는 행복도 있다.
오늘은 그런 날이었다.
(10명 이상의 모임은 자제하려 했는데…. 자연스럽게 그렇게 되었다. ㅋ)

094 2021. 1. 2

코로나 19 상황이 엄중하여 각자 행발모로 진행. 총 9명 참가

- 탄천 인절미길/판교 IT벤처길/탑마을 낭만의 길
- 삼남길 중 서호천길과 중복들길
- 고양 앵봉산길
- 운악산 길
- 대부도 길
- 잠실 송파길
- 익산 함열 고향 마을길과 나바위성당길
- 집콕 홈트
- 남산길

각자 삶 속에서 자신의 길을 걸은 날,
무엇 하나 문제 될 것이 없다.
다음엔 함께 걸을 수 있기를 기대하며…

새 해 복 많이
받으세요
249회 행발모

서대문 안산, 인왕산길

코로나로 만만치 않은 상황이었지만 이번엔 안산~인왕산으로 다녀왔다. 예정엔 부암동을 거쳐 세검정까지 다녀올 예정이었지만 아무래도 무리인 듯 싶어 거기에서 멈췄다. 연세대학교 정문에서 출발하여 안산 자락길과 인왕산 등산후 통인시장까지 오붓하게 걸었다. 총 17명, 각각 따로 걸었으니 코로나로 인한 큰 어려움은 없었다.

조금 흐린 날이었지만 비교적 따뜻한 날~. 경복궁 통인시장에서 막걸리 한 잔으로 마무리하니 그대로 행복! 행복!! 행복!!! 그날 특별히 수고해 준 최용선 친구에게 감사의 마음을 전한다,

선정릉-봉은사길

이른 봄 서울 강남 도심 속 아늑한 산책길로 다녀왔다.
도심 속 산책길은 바로 선정릉과 봉은사이다.

먼저 행운이 따랐는지 선정릉 어디에선가
산수유나 매화의 꽃 웃음을 만났다.
물론 봉은사 홍매화는 당연~.

만일 한 마리 새가 되어 서울 강남 일대를 내려다보면 어떨까?
직각의 마천루들로 이루어진 삭막한 빌딩의 숲속을
자신의 안식처라 생각하며 한숨을 쉬었을까?

그런데 마치 바다 한가운데 있는
고도孤島 같은 녹지綠地가 있으니 얼마나 다행인지 모른다.
바로 강남 한복판의 선정릉宣靖陵이다.

선정릉에는 모두 세 개의 능이 있다.
조선 성종成宗의 능인 선릉宣陵과
그의 계비繼妃 정현貞顯왕후의 능,
그리고 중종中宗의 능인 정릉靖陵이 그것이다.

선정릉의 아름다운 소나무 숲 산책길이
울타리 바깥의 빌딩 세상과는 전혀 다른 세상을 그려낸다면
선정릉에서 멀지 않은 곳에 있는 천년고찰 봉은사는
숨 가쁘게 돌아가는 도시 생활에 지친 영혼이 쉬어 가는 마음의 쉼터라 할 것이다.

신라시대의 연회국사緣會國師가 원성왕 10년에
견성사見性寺란 이름으로 창건한 봉은사는 1200년의 역사를 자랑한다.

방역 수칙을 준수하고자 사진 한 두 장 찍은 시간을 제외하고는
모두 개별 또는 4인 1조로 움직였다.
거기에 코로나가 점심 함께하는 재미까지 앗아갔다. 안타깝다.

한성 백제왕도길*

봄의 정취를 따라 2,000년 전 한국의 고대국가로 탄생했던
한성백제 역사의 자취를 더듬어 한성 백제왕도 길을 따라 걸었다.

천호역을 출발, 풍납토성과 백제 우물, 몽촌토성(올림픽공원)까지 뚜벅뚜
벅 걸었다. 비가 엄청나게 내려 뒤 코스는 다음을 기약하는 것으로~.
(한성백제박물관을 거쳐 방이동 고분군, 석촌동 고분군, 석촌역 까지는 생략)

코로나 상황이라 4인 단위로 조심조심~.
봄비 속에서 서울과 백제의 봄맛을 제대로 느낀 하루였다.
꽃비가 내린 올림픽공원의 환상적인 꽃 향연도 즐기고….

* 한성백제 왕도길
　천호역을 출발하여 풍납토성과 백제 우물, 몽촌토성(올림픽공원)과 한성백제박물관을 거쳐
　방이동 고분군, 석촌동 고분군, 석촌역에 이르는 약 9km의 길이다.

총 6km, 3시간 소요, 18명 참석

천호역 – 풍납근린공원 – 풍납시장 – 경당역사공원 – 풍납토성 – 칠지도 – 몽촌토성 – 올림픽공원 – 몽촌역사관 – 백제집자리전시관 – (한성백제박물관 – 방이동고분군 – 석촌동고분군 – 석촌역 코스)는 패스~.

097   2021. 4. 3

구로 명품 올레길

총 12km 남짓, 약 4시간 소요, 18명 참석

신도림역 – (도림천) – 도림천역 – (안양천) – 구일역 – 갈림길(안양천과 목감천) – (목감천) – 개웅산(126m) –
천왕역 – 천왕산(144m) – 더불어 숲 신영복 선생 추모공원 – 성공회대 – 온수역

098   2021. 5. 1

명품 구로 올레길~. 구로하면 뭐가 먼저 떠오르
시나요? 많은 분이 구로공단을 떠올릴 듯하다.
어쩌면 대한민국의 오늘을 만든 일등 공신이 아
마 구로공단이 아닐까. 구로공단 말고 하나 더
떠올릴만한 게 있다면 '명품 구로 올레길'이라고
자신 있게 말하고 싶다. 구로 올레길은 도심형과
하천형, 산림형으로 나누어져 있고, 총 28km의
아기자기한 길로 꼭 가보아야 할 멋진 길이다.

98번째 행발모는 그 중 하천형 1코스 일부와 2코스, 3코스, 산림형
4코스와 3코스를 걸었다. 도림천과 안양천, 목감천, 그리고 개웅산과
천왕산, 신영복 선생 추모공원도 들렀다. 더불어 숲길에서 만난 주옥같
은 쇠귀 선생의 말씀, 항동 폐 철길에서의 추억도 그리움으로 쌓여있다.

여의도 걷기

총 10km 4시간 소요, 10명 참석

여의도역 – 여의도공원 한바퀴 – 윤중로(국회의사당 둘레길) – 여의도 동편 둘레길 – 샛강 – 63빌딩 – 여의나루

 2021. 6. 5

싱그러운 여름날.
가깝고도 머언(?) 섬 여의도로 다녀왔다.
일상에서 지나치지만 제대로 걸어보기는
쉽지 않은 곳이 여의도이다. 남산이 그런 것처럼….

아름다운 여의도와 여의도 공원을 한 바퀴 돌며
싱그러운 초여름을 즐겼다.
사부작 사부작 쉬엄쉬엄 걸으며….

여의도 공원의 어린 왕자, 산수국, 개망초, 금계국….
여름꽃들도 눈에 선하다.
아직 코로나 상황이 엄중하여 조심조심하며….

서울숲- 옥수동(100회 파티)

드디 100회!
100을 세라고 하면 금방 셀 것 같아도 한참 걸린다는 것을 새삼 깨달았다.

그런데 매월 한 번 하나, 다음 달엔 둘….
이렇게 세어가면 100개월이 지나야 100을 셀 수 있다.
이런 생각을 하니 '100'이라는 숫자가 전혀 다른 느낌으로 다가온다.

그렇다. 우리가 그랬다. 하나, 둘, 셋…. 그렇게 뚜벅뚜벅 걸어 여기까지 왔으니까.

행발모는 보통 주말 아침에 진행하다가 더운 날씨라 저녁 무렵으로 옮겨 진행했다.
그런데…. 아뿔싸, 폭우의 시간과 그대로 겹쳤다. 그러나 우리는 멈추지 않았다.

영하 16도의 칼바람 속에서도 걸었고, 38도의 불볕더위 속에서도 걸었으니까.
걷자생존은 물론 걷자행복이라는 것을 잘 알고 있었으니까.

서울숲에서 출발하여 목적지인 이촌한강공원까지 걸을 계획이었는데,
엄청나게 내리는 폭우에 도저히 안 되겠다는 생각에 옥수동 한강길에서 멈췄다.
물론 그동안 행발모가 목적지까지 간 적이 그리 많지 않았음도 쬐끔 영향을 준 듯….

겨우 비 피할 곳을 찾아 100회 기념 축하 행사를 했다.
윤경 님을 비롯한 여럿님들의 수고에 힘입어 축하 떡 케이크를 준비하고….
민조 님이 행발모 100회 축히 캘리그라피를 준비하고….

아무튼 26명의 행복쟁이들이 폭우에도 아무런 불평 없이 함께 즐긴
100회 행발모였다.
서로를 응원하고 축하하며….

북한산 둘레길 + 각자 행발모

101번째 행복한 발걸음 모임은 각자 행발모를 기본으로 하되
방역 수칙을 준수하면서 북한산 둘레길 1, 2코스를 걸었다.

북한산 둘레길 1코스는 소나무가 빼곡한 '소나무 숲길'로
우이령길 입구에서 솔밭근린공원까지 3.1km 정도,
2코스는 '순례길'로 솔밭근린공원부터 이준 열사 묘역까지 2.3km 정도이다.

무더운 때라 무리하지 않고 설렁설렁 걸었다.
무더위가 기승을 부렸지만, 너무 움츠리지 말고
'행복한 발걸음'을 멈추지 말았으면 하는 마음으로…

북한산 둘레길 + 각자 행발모

101

북한산팀 외의 다른 님들은 각자 행발모로 진행했다.

- 이강무 대표가 이끌어가는 잠실 행발모는 잠실 한강길 13명
- 노원 FM 우귀옥 대표의 경춘선 숲길 행발모
- 윤광원 기자의 수원 서호와 만석거 행발모
- 장윤경님의 북한산 둘레길 8코스 행발모

이렇게 101번째 행발모가 끝났다.
각자 행발모 중심이어서 조금은 아쉬웠지만
그래도 이렇게라도 걸을 수 있다는 게 어디인가? 참 고마운 일이다.

탄천길 + 각자 행발모

처서가 지나고 가을이 코앞,
여러모로 어려운 때라 이번엔 각자 행발모로 진행하되
최근 마무리된 송파 둘레길 중 탄천길을 걸었다.

탄천길은 성내천길, 장지천길, 한강길을 포함하는
송파 둘레길 중의 하나로 이번에 광평교~삼성교 구간이
신규 조성되어 7.4km가 모두 완성되어 송파둘레길 전체로 21km가 완성되었다.

탄천길은 장지천/탄천 합수부에서 가락시장과
잠실종합운동장을 거쳐 한강까지 이어지는 구간으로 도심 속 생태길이다.

탄천길 참가자는 코로나 시대가 엄중한지라 4인 이내 1조로 하여
방역 수칙을 지키며 조심조심 진행했다.
점심은 잠실 새내역 새마을 시장에서~

이밖에 각자 행발모

  - 남한산성 수어장대, 서문, 북문
  - 공덕에서 서울로 7017, 시청 앞에서 광화문까지

하늘이 너무 예쁜 날, 하늘빛에 홀려 넋을 잃고 걸음.

걷자 생존, 걷자 행복이 대세인 시대, 가을의 중심에서 북한산 자락길 + 둘레길 6코스를 다녀왔다. 서울 최고의 명산인 북한산을 힘들지 않게 맛볼 수 있는 최고의 기회가 되었음은 물론이었다. 도심에서 가까운 북한산 자락길은 무장애 자락길이어서 그리 힘들지 않게 걸을 수 있으며 인왕산과 북악산 등을 조망할 수 있는 멋진 길이다.

북한산 둘레길 6구간 평창마을길 탕춘대성 암문 입구에서 평창마을을 거쳐 형제봉 입구까지 가는 특별한 여정이다. 해방구 같은 마을이다. 서울의 감춰진 전원 풍경을 만끽한 특별한 시간이 되었다. 아직 코로나 상황이 위중한지라 방역에 철저히 하면서 조심조심 걸었다. 북한산 자락길 걸을 때만 해도 오늘은 편한 걸음 하겠다고 생각했는데 평창마을길과 북한산 둘레길 5구간 일부까지 걷게 되어 빡센 행발모가 되고 말았다. 무려 14km 이상을 걸었으니…. 세상은 정말 알 수 없다. ㅋㅋ

여주 여강길

총 약 12km 3시간 소요, 27명 참석

경강선 여주역 – 세종대왕역사문화관 – 세종산림욕장 – 입암 – 여주보문화관 – 양화나루
(경강선은 신분당선 판교역에서 출발하여 분당선 이매역을 지나 여주역까지 가는 노선이다. 판교역에서는 48분 소요)

104

2021. 11. 13

경기도 여주 여강길(여주의 남한강 길)로 다녀왔다. 여러 사정으로 이번에는 첫 토요일이 아닌 두 번째 토요일인 13일(토)에 진행했다. 태백 검룡소에서 시작한 (남)한강은 영월, 단양, 제천, 충주를 지나 여주, 양평을 거쳐 두물머리에서 북한강과 만나 한강이 되어 서울 가운데를 뚫고 서해로 흘러간다.

이번엔 그 중의 가장 아름다운 길로 알려진 여강길을 따라 걸으며 늦가을 여강의 정취를 만끽했다. 이번에 걷자 행복의 길은 여강길 중 6코스인 왕터쌀길, 왕터쌀길은 세종대왕 역사문화관에서 여주보를 지나 상백리 마을회관까지 걷는 길이다. 여러 사정이 있어 이번엔 여주보까지만 걸었다. 세종 대왕 역사문화관에서 출발하여 세종 산림욕장을 지나 남한강 자전거길로 내려가 옛 여주 팔경의 하나인 입암도 만났다. 목적지 주변에 음식점이 없어 여주 시내로 '각자도생'으로 해결~.

춘천 낭만길

총 12km 약 4시간 소요, 14명 참석

춘천역(2번 출구) - (영서로 따라) - 춘천대첩 평화공원 - 상중도배터 - 소양강처녀 동상 - 호반사거리 - 소양 2교
횡단 - (소양강 방향 강변 자전거길 따라: 소양강(북한강)즐기기) - 소양1교 횡단 - 봉의산 - 소양로 - 소양고개길 -
금강로 - 중앙로터리 - 춘천명동 - 점심(닭갈비골목) - 춘천역

105   2021. 12. 4

2021년 송년 모임을 겸해 호반과 낭만의
도시, 춘천 소양강변길로 다녀왔다.

한 해를 차분히 마무리하며 소양강변
길과 봉의산 등과 춘천의 골목길을 걸으
면서 춘천의 낭만에 푹 빠져버렸다. 닭갈
비와 막국수는 기본으로 동행했다.

코로나 상황이 아니었으면 더 많은 사람
이 함께 했을 텐데….
그러나 우리는 오늘도 뚜벅뚜벅 걸었고,
걷자 생존, 걷자 행복의 주인공이 되었다.
걸을 수 있을 때 걷는 삶이야말로 지혜로
운 삶이다.

새해 첫 행발모는 대한민국의 심장,
서울을 걸었다.
바로 서울 사대문 안을 한 바퀴 도는
한양 도성 순성길. 총 약 20km 정도로
이번에는 그중 반 정도를 걸었다.

혜화문(지하철 4호선 한성대 입구)에서
출발하여 낙산-광희문-흥인지문
(동대문)-장충체육관-남산-숭례문에
이르는 구간, 거리는 총 약 9km 정도,
소요 시간은 약 4시간~.

생각보다 훨씬 많은 님들이 함께~
무려 스물 여덟 명~.
코로나로부터 조금씩 벗어나고
있나 보다.

역시 걷자 생존, 걷자 행복~.
행복은 발견하는 것,
배울 수 있는 기술,
행복을 발견하는 모임,
행복한 발걸음 모임에서
행복을 느끼고 배울 수 있었다.

한겨울 같은 날씨, 오산 세마대지/독산성길로 다녀
왔다. 수원 아래 병점역~한일타운아파트3거리~
독산성 등산로~양산봉~독산성(세마대지)~세마역
코스로 돌아오는 코스로 약 10km 정도의 길이다.
오산 독산성과 세마대지烏山 禿山城 洗馬臺址는 경기
도 오산시 지곶동에 있는 삼국시대의 성곽으로 대
한민국 사적 제140호이다. 독산성은 독성산성이라
고도 불리는데 임진왜란 중에 권율 장군이 전라도
로부터 병사 2만여 명을 이끌고 이곳에 주둔하여
왜병 수만 명을 무찌르고 성을 지킴으로써 적의 진
로를 차단했던 곳이다. 이번엔 명상/건강 전문가인
한의사 상형철 원장의 걷기 행복 명상이 곁들여졌
다. 봄이 오는 길에, 새로운 길을 걸으며 시름도 걱
정도 벗어던진 소중한 시간이었다.

무엇보다 이번 여정을 챙겨주신 김완수 교수님께
감사드린다. 여정은 물론 식사에 특별 음식을 선물
해 주셨다. 이런 기회가 아니면 이곳에 언제 와보
랴~. 세상에는 기꺼이 즐겁게 '좋은 기회'를 놓치지
않은 행운의 사람들이 있다. 오늘도 그랬다.

봄의 입구에서 마포한강길을 다녀왔다.
강바람이 조금 차가웠지만 상큼한 날이다.

합정역에서 시작해서 망원정과 양화진
나루터, 밤섬조망과 당인리 발전소를 거
쳐 마포역까지 20여 님들이 함께 걸었다.

마포의 숨은 매력에 더해 여유 있는 사색
의 시간을 선물 받은 특별한 시간이 되었
다고 입을 모았다. 서울도 대한민국 어디
를 가도 걷기에 괜찮은 명소들이 참 많다.
참 멋진 곳이다.

청계천. 중랑천. 응봉산

총 약 13km, 4시간 정도 소요, 20명 참석

청계천 입구(청계광장) - 모전교 - 광교(종각) - 수표교 - 배오개다리(세운상가) - 마전교(광장시장) - 오간수교 (동대문) - 황학교 - 고산자교 - 신답역 - 용답역 - 중랑천 만남(철새도래지) - 한양대 - 살곶이 다리 - 응봉역 - 서울숲 입구 - 옥수역

109   2022. 4. 2

청계천과 중랑천의 봄을 따라 걸었다. 아직 코로나19 상황이었지만 20명이 사이좋게~.

광화문역 청계광장 앞에서 출발하여 청계천을 쭉 따라 중랑천 만나는 곳까지, 이어서 중랑천을 따라 한강과 만나는 서울숲까지, 그다음에는 응봉산 개나리를 만나고 이어서 옥수역까지 뚜벅뚜벅 걸었다.

청계천, 중랑천, 한강의 봄꽃들과 새들, 상큼한 강바람도 만났다. 도심을 관통하면서 서울의 숨은 매력을 만나는 시간이 되었음은 물론이다.

그냥 수다를 떨며 걷다 보니 봄날 하루가 그대로 즐거운 시간으로 가득~.

사는 게 생각보다 훨씬 단순하고 재미있구나.

Chapter 4. 우리는 이렇게 걸었다   267

아산 행복소풍

충남 아산으로 간만에 버스를 타고 행복 소풍을 다녀왔다.
아산牙山은 사람의 어금니를 닮았다 하여 붙여진 이름으로
현충사와 온양온천으로 널리 알려진 고장이다.

이번 소풍에서는 행복 디자이너와 오래 인연인,
우리나라 최대의 유기농 배과수원(주원농원/장상희 회장)에
들러 과수원 들길을 걷고, 인근 삽교천과 공세리 성당도 걸었다.

아울러 동심으로 돌아가 '과수원길' 등을 같이 불러보는
음악이 있는 콘서트로 진행했다. 멋진 연주와 노래를 들려 준
준영 님, 민조 님 고마웠어요. 인근 우렁 쌈밥 맛집에서
'맛 여행'의 재미를 누린 특별 보너스를 받았다.

이렇듯 앞으로 행발모는 기회가 된다면 아름다운 우리 산하와
지역을 돌아보는 소풍 여행으로 진행하면 좋겠다.

오랜만에 버스를 타고 함께 하니 얼마나 즐겁고 좋은지….
코로나 시대에 모두 힘드셨으니 힐링 소풍이 되었으리라 믿는다.
함께 도와주고 함께 즐긴 모든 님들이 오늘의 주인공임은 당연!!!

총 32명 참석

서울 교대역 – 봄 들길 걷기 / 아산 둔포(배 과수원) – 점심 식사 – (쌀조개섬) – 공세리 성당 – 삽교천 걷기(삽교천 방조제)
– 삽교호 – 저녁식사(당진 우렁이 박사) – 음섬포구 – 서울 교대역

118

2022. 5. 7

대전 대청호와 계족산길

이번에는 맨발 황토길 걷기로 알려진 대전 계족산과 오감을 일깨우는
낭만의 대청호 오백리길 1코스를 걷는 행복소풍으로 진행했다.

먼저 신탄진 작은 미술관을 시작으로 대청호 오백리길 1구간(물문화관–로하스 캠핑장)을 걸은 후 점심 행복 식사를 하고 계족산쪽으로 이동했다. 계족산 입구인 장동산림욕장을 출발하여 황토길 구간을 맨발(선택사항)로 걷고 계족산성에 올라 대청호를 조망하는 시간을 가졌다.

그리고 계족산 숲속 황토길 음악회, '뻔뻔(Fun Fun)한 클래식'도 함께 해 즐거운 시간을 가졌고 이 지역 명물인 보리밥과 묵밥으로 이른 저녁식사를 했지요.

이번 행발모 소풍에는 산악인이자 사진작가인 널리 알려진 유쾌 명랑한 그녀, 이상은 님이 함께 하여 작은 미술관과 대청호 오백리길을 안내해 주었다.

작은 미술관에서 시작하여 대청호 오백리길(로하스 캠핑장), 계족산 황토길과 계족산성, 그리고 숲속 음악회와 보리밥과 묵밥….

서울 교대역 – 작은 미술관(신탄진) – 대청호 물문화관 – 오백리길(1구간) – 로하스캠핑장 – 계족산(장동산림욕장) –
황토길걷기 – 뻔뻔한 클래식 감상 – 계족산성 – 임도삼거리 – 선비마을 – 계족산 산골 보리밥 – 서울 교대역

짧은 하루의 시간이 이토록 알차고 재미있을 수가 있구나 생각하니 너무 좋다.
소중한 하루의 진짜 맛을 제대로 즐긴 것 같아 얼마나 즐겁고 행복했던지….

함께 수고한 모든 님들이 있었기에 가능했으리라~
특히 이상은 님, 김성선 대표님께 특별한 고마움을 전하며….

울릉도/독도 특별 행발모

서울출발(7/1일 밤), 대형 버스로 울진 후포, 쾌속선으로 울릉도(사동)로 이동(2시간30분소요)
첫째 날(7/2)은 먼저 독도 투어 후 울릉도로 돌아와 관음도, 봉래폭포 등(B 코스라 부름) 트레킹 후 도동항에서
　　　저녁식사, 호텔에서 숙박~
둘째 날, 오전에 도동항-사동항-사자바위- 나리분지 등 투어(A 코스라 부름) 후 점심, 오후엔 성인봉 등산(성인봉에
　　　가지 않은 사람은 인근 별도 투어와 휴식)후 저녁식사, 숙소는 전과 동일

7월 1일~4일, 행복한 사람들과 걸으며 행복을 발견하는 모임인 행발모 112번째는 동해를 굳건히 지키며 외롭게 떠 있는 섬, 천혜의 비경을 간직한 우리의 섬, 울릉도와 독도로 행복 여행을 다녀왔다. 코로나로 인해 움츠린 때에 해외(?) 행발모의 첫 사례로 도전했는데 정말로 만족스러운 시간이었다.

이국적인 풍경을 벗 삼아 성인봉에도 오르고, 유람선을 타고 울릉도의 절경을 그대로 만끽하고…. 날씨까지 도움을 주어 고맙고 즐거운 시간이었다. 아쉬운 것은 이토록 아름다운 울릉도에 공항이 건설된다는 것, 일부 산을 허물어 바다를 메워 진행한다는데, 편리할지는 몰라도 천혜의 울릉도의 자연이 파괴될까 염려스럽다.

관광객 편의와 자연환경 보호의 균형점을 찾아야 하지 않을까. 우리의 자랑스러운 섬, 아름다운 울릉도와 독도!!! 함께 다녀온 20여 명의 행복쟁이들에게 고마운 인사를 전한다.

셋째 날은 유람선으로 울릉도 해상관광(2시간 30분 정도) 후 행남도 등대길 트레킹 후 이른 점심, 도동항 케이블카 탑승, 전망대 조망 후 사동항에서 4시 30분 후포행 쾌속선 탑승 - 오후 7시 후포항 도착 - 저녁 식사 후 서울에 저녁 11시경 도착. 이번 행발모의 울릉도(독도) 행복 소풍은 (사)대한민국 둘레길, (사)백두대간진흥회와 함께 진행~ 총 24명(전체 인원은 40명)

8월 6일(토), 113번째 행발모는 휴가철과 한여름임을 참작하여 편하게, 부담 없이 걸을 수 있는 서대문 안산 자락길로 다녀왔다. 안산 자락길은 한 번쯤은 가본 곳이겠지만 4계절 언제 가더라도 느낌이 좋고 편한 길이다. 7km 정도 길이의 전국 최초의 순환형 무장애 자락길이 있어 장애인, 노약자, 어린이 등 보행 약자는 물론 휠체어, 유모차도 쉽게 숲을 즐길 수 있는 순환형 자락길이다.

비가 오는 가운데 뚜벅뚜벅 함께 걸은 18명의 멋진 님들, 정말 최고다. 꽈배기 파티도 좋았고, 점심은 영천시장 석교 순댓국집에서~.
(행복 대장은 인도네시아 화산트레킹으로 불참, 대신 온라인으로 연결하여 간접 참석)

연천 일대(전곡 선사박물관/한탄강/고구려성 등) 　　　27명 참석

서울 왕십리역 출발(7시 30분) - 연천은대리성 도착(9시) - (2.7km) - 전곡선사박물관(10시) - 박물관 관람 -
박물관 둘레길 걷기(0.5km) - 점심(11시 30분 / 도시락 지참) - (3km) - 고탄교(1시) - 버스로 이동 - 재인폭포
(1시 30분) - 버스로 이동 - 호로고루(성)(2시 30분) - 숭의전(2.5km) - 경순왕릉(3시 30분) - 버스로 이동 -
구석기손두부(저녁식사)(5시 30분) 서울 왕십리역 도착 : 저녁 8시경

114　　　2022. 9. 3

가을의 초입인 9월 3일(토), 연천 전곡 선사박물관
과 한탄강, 고구려성을 다녀왔다. 세계 구석기 연
구의 역사를 새롭게 쓰게 한 전곡리 선사박물관,
수억 년의 시간이 빚어낸 한탄강 주상절리, 은대
리성/호로고루/당포성 등 임진강을 남쪽 국경으
로 삼았던 고구려의 기상이 서린 고구려성 등을
만난 것이다.

전곡리 유적 발굴과 선사박물관 설립을 주도한,
전 국립중앙박물관장 배기동 박사께서 안내, 설명
해 주시고, 연천이 고향인 역사문화기행 전문가이
자 《배싸메무초 걷기 100선》 저자인 윤광원 기자
가 동행해 도움을 주었다. 은대리성, 전곡선사박물
관, 재인폭포 한탄강 주상절리, 숭의전, 호로고루
성, 경순왕릉까지 연천을 새롭게 만난 시간이었다.

교대역 출발 - 문경새재 - 1관문(주흘관) - 2관문(조곡관) - 3관문(조령관) - 문경 오미나라 투어(견학) -
오미로제 파티 - 서울로 출발
* 문경새재 1관문에서 3관문까지 거리는 6.5km정도(왕복 13km)이고, 완만한 경사길이라 누구나 편하게 걸을 수 있
으며 맨발로도 가능(선택사항)

가을의 중심 10월 1일(토), 문경새재길 걷기와, 오미
자와인의 명가 오미나라를 방문했다. 문경새재는 따
로 설명이 필요 없는 대한민국 최고의 명품길이다.
영남의 인재들이 과거를 보러 오가던 환희와 애환이
깃든 옛길이기도 하다. 이번 행발모는 문경새재 1관
문인 주흘관에서 2관문인 조곡관을 거쳐 3관문인 조
령관을 돌아오는 말 그대로 '문경새재' 길을 걸었다.

곱게 물들어가는 가을 잎들과 이야기를 나누고 좋은 사람들과 뚜벅뚜벅
인생 걸음을 하는 좋은 시간이었다. 맨발로 걸어본 좋은 기회였고. 새재길
을 내려와서는 행복 디자이너와 특별한 인연이 있는 문경 오미자 테마파
크인 오미나라 특별 투어와 함께 특별한 명주인 오미자 와인, 오미로제와
함께 하는 시간을 가졌다. 행복 디자이너의 지방 일정으로 현지 합류 형식
이었지만. 40여 행복쟁이들이 즐겁게 걷고 행복한 하루를 만끽한 날~.
이 정도면 충분하지 뭐~. 삶은 즐기고 누리는 자의 것!

영동과 금산의 금강길

27명 참석

서울 교대역 - 영동 양산팔경 금강둘레길-점심 - 금산 금강솔바람길(고향술레길) - 저녁 - 서울 교대역(오후 8시경)
*양산팔경 금강둘레길 / 총 6km, 약 3시간 20분 소요
송호관광지주차장 - 송호금강물빛다리 - 함벽정 - 금강변데크 - 강선대.봉독교 - 용암 - 여의정 - 원점회귀
*금강솔 바람길(고향술레길) / 총 4.7km, 약 2시간 40분 소요
금강생태과학체험장 - 봉황산 - 기러기봉 - 금바골 - 닥실재 - 금강의산그림자

116   2022. 11. 5

11월 5일(토), 눈부신 가을날 금강의 가을을 만나
고 왔다. 이번 행발모는 금강 상류라 할 수 있는 충
남 금산과 충북 영동의 금강,가을의 금강을 만났
다. 충북 영동의 양산팔경 금강둘레길과 충남 금
산의 금강솔바람길(2코스) 고향술레길이 바로 그
것! 강에 무슨 정해진 구역이 있을리 만무하지만
충남 금산과 충북 영동은 바로 이웃사촌이다.

이렇게 금강의 아름다운 가을을 만나고 왔다.
영동도 금산도. 금강을 아름다움을 그대로 품고 있었다.

참 고맙다.
금강의 산그림자를 만난 후 먹은 저녁식사 어죽이 생각난다.
금강의 새로운 발견, 아니 대한민국의 새로운 발견이다.
그리고 살아있어 이런 행운을 누린 삶이 넘넘 고맙다~.

2022년 마지막 순서는 수원 팔색길중 화성 성곽을 따라 걷는 '화성성곽길'로 다녀왔다.

이 길은 수원 화성의 다양한 성문과 봉수대, 수문과 장대 등 수원의 역사와 사적을 만날 수 있는 아름다운 길이다. 이번 행발모는 팔달문–청룡문–화홍문–장안문–화서문–서장대를 돌아 다시 행궁을 거쳐 팔달문으로 돌아오는 여정으로 약간의 오르막과 내리막이 있긴 하지만 누구나 쉽게 걸을 수 있는 산책길을 걸었다.

세계문화유산 수원화성의 다양한 건축물들을 통해 역사의 아름다움을 배울 수 있었던 화성성곽길! 점심으로 함께 한 '조마담(조개에 마음을 담다)' 칼국수는 일품! 뒤풀이로 카페에서 차 한잔하며 새해를 앞두고 덕담을 나눈 시간도 기억이 새록새록~.

양평역을 출발하여 도심과 자연을 어우르며 남한강의 힘찬 기운을 만나면서 원덕역까지. 온 생명이 고요히 잠들어 있는 때, 남한강길을 차분히 그리고 힘차게 걸었다.

와~. 전날 서울엔 진눈깨비가 내려 모두 녹았는데, 양평은 완전 설국이다.
이런 행운이 몰려오다니⋯.

하얀 남한강은 세상의 모든 치부들을 감추고 하얀 눈 세상을 선물해 주었다. 걷는 도중, 참석자의 지인인 부동산 전문가의 집에서 차 한잔하며 집과 부동산, 삶의 이야기를 들은 것, 양평 해장국의 원조집에서 최종엽 작가님의 논어 이야기를 들으며 특별한 해장국을 함께한 것도 행운!

하얀 눈 세상 속을 걸으며 새해의 좋은 기운을 그대로 느끼고 누렸으니 올 한 해가 잘 풀리고 즐거움이 가득할 듯하다.

겨울이 아직 진행되고 있는 날, 철원 한탄강 물윗길 얼음과 눈길 트레킹을 다녀왔다. 41명의 행복쟁이들이 함께 했다.

태봉대교에서 순담계곡까지 얼음 위와 계곡 길 8km를 걸으며 주상절리와 기암괴석 등 한탄강의 겨울 절경을 감상하는 최고의 겨울 행발모가 되었다.

한탄강 주상절리는 강원도 최초의 유네스코 세계지질공원이다. 이어서 철원 노동당사와 철원향교, 도피안사까지 철원 들길을 걸었다. 철원의 명물인 철새들도 만나고, 옛 철원향교 터에 있는 특별한 음식점인 연사랑에서 특별한 맛의 만찬을 즐긴 것도 기억에 깊이 남았다.

자연, 문화와 역사, 그리고 따뜻한 사람들…. 건강도 챙기고 행복도 챙기고….
일석 십조쯤 된 듯하다.

철원의 새로운 발견!!!

탄천, 양재천길

총 11km 약 3시간 30분 소요, 21명 참석

장지역 – (장지천-탄천) – 수서역– (탄천) – 학여울역(양재천) – 양재천 – 시민의숲(양재역) 직전에 돌아와 매봉역에서 마무리

2023. 3. 4

장지역에서 시작하여 장지천을 살짝 맛보다 탄천으로 넘어와 뚜벅뚜벅 걸었다.(여기까지는 송파둘레길)

광평교 아래 물길을 건너 수서역 쪽으로 넘어와 다시 탄천길을 따라 양재천 합류 지역까지. 잠시 휴식을 취한 후 양재천길을 따라 시민의 숲 근처까지 걷다가 다시 매봉역쪽으로 돌아왔다.

근처에 사는 원조맴버인 김병영 님의 가족(부인과, 아장아장 걷는 딸아이)이 환영!
점심은 명물인 두코(두부와 코다리) 식당에서 맛있게 냠냠~.
이번부터 걸음 수가 가장 많은 사람에게 걷기왕,
가장 적은 걸음 수를 기록한 사람에게 해냄왕 트로피를 시상!
재미있는 행발모를 위하여!!!
살짝 깃든 봄기운을 찾아 즐거운 발걸음을 한 날!
오늘도 최고다!!!

Chapter 4. 우리는 이렇게 걸었다   285

행발모 10주년, 섬진강 봄길을 걷다

첫째 날 : 서울 교대역 – 구례 섬진강 대나무숲길 – 두꺼비다리 – 사성암 아랫길 – 압록역(예성교) – 곡성 침실습지
(물멍때리기) – 저녁식사/블루그린펜션 숙박

행발모 10주년을 축하하며 남도 섬진강의 눈부신 봄날을 걸은 날이다.
가뭄으로 물이 적어 아쉬웠지만,
섬진강은 우리에게 따뜻한 손길을 내밀며 반겨주었다.

구례에 도착하자마자 꽃비가 우리를 반겨준다.
계획에 없었던 대나무숲은 그대로 횡재…,
사성암 아래 벚꽃 숲길을 건너편에서 바라보며 넋을 잃는다.
결국 그 길 속으로 들어갔지만,
곡성 풍퐁다리의 물멍 때리기도 참 좋았던 인상적인 장면.

평사리 최참판댁과 평사리 들녘 산책도 봄의 서정을 만나기엔 충분,
무엇보다 이번 행발모의 백미는 이원규 시인 부부를 만난 것!

첫째, 둘째 날 각각 약 7km, 참가인원 31명

둘째 날 : 숙소 – 가정역 나룻터가든 아침식사 – 하동 평사리(최참판댁/부부송,동정호) – 평사리공원(섬진강 족욕) –
하동 송림공원 – 광양 섬진강고향집 점심 – 이원규시인집 방문(삶이아름답고따뜻했던시간) – 구례산수유마을

 2023. 4/1~2

'행여 지리산에 오시려거든' 시인의 시에 안치환이 곡을 써서 부른 노래가 가슴에 따뜻하게 녹아들었다.

시인이 발로 뛰어다니며 만든 은하수 영상은 삶에서 무엇이 소중한지를 알려준 최고의 선물이었고, 시인 부부의 건강하고 아름다운 삶을 그대로 느낀 아름다운 봄날이었다.

역시 행발모는 행복을 발견하는 모임임이 틀림없다!!!

걷기는 자신의 존재 속에 똑바로 서는 일이다.

걷는 것은 자신의 길을 되찾는 일이다.

질병과 슬픔을 이기고 앞으로 나아가면서 자신에게 작별 인사를 하고

다른 사람이 되고자 하는 의지이다.

_다비드 르 브르통

뚜벅뚜벅 행발모 10년,

어떤 걸음을 내디뎠는지 내가 감히 제대로 알 수는 없지만

분명 내 삶에 그 길을 걸은 흔적이 있고

함께 걸은 사람들의 향기가 배어 있으니 그것으로 족하다. 무엇을 더 바라랴.

언뜻 돌아보면 탄탄대로의 장밋빛 길을 걸어온 것 같지만

조금 더 살펴보니 수많은 희로애락이 뒤엉킨 비빔밥 같은

시간이있음을 확인한다.

어찌 10년의 세월이 그냥 좋기만 했겠는가.

한 번 한 번, 그 한 번을 위해 작은 정성과 수고가 있었을 뿐인데
그것이 끝내 120번을 넘었으니, 역시 축적의 힘은 세고,
꾸준함을 이길 장사가 어디 있을까.

옥수동 한강길을 걸으며 생각한다.
행발모가 앞으로 10년, 20년 계속 이어질까.
자신 있는 어떤 대답도 하지 않으리라.
다만 내가 할 수 있는 '한 번'을 이어갈 뿐.
얼마나 계속할까, 어디를 어떻게 걸을까를 고민하기보다는
그냥 흐르는 강물처럼
불어오는 바람처럼 걸어가리라.

책을 준비하며 머리로 걷는 게 더 힘들다는 것을 절감했다.
고인이 된 쇠귀 신영복 선생의 말이 맞았다.

공부는 머리에서 가슴으로 가는 애정과 공감입니다.

우리에겐 또 하나의 먼 여행이 남아 있습니다.

'가슴에서 발까지의 여행'입니다.

발은 우리가 발 딛고 있는 삶의 현장입니다.

공부는 머리가 아니라 가슴으로 하는 것이며 가슴에서 끝나는 여행이 아니라

가슴에서 발까지의 여행입니다.

그랬다.

발을 딛고 있는 수많은 사람의 삶이 살아 숨 쉬는 그곳을 걸었으니까.

행발모는 이론이나 명사가 아닌 행동이자 실행, 쉼 없이 움직이는 동사이다.

행발모 뿐만 아니라 모든 걷기는

발을 내디디며 걷다 보면 처음에는 온갖 염려와 걱정이

나도 모르게 줄어들다가, 어느새 삶과 세상에 대한 시야가 넓어지면서

막혀있던 그곳에 탈출구가 열리는 것 같다.

생각하지 않았던 뜻밖의 아이디어가 샘솟고

그토록 나를 괴롭히던 미움과 원망이 한순간에 부질없는 무엇이 되어

오히려 내 품을 따뜻하게 하기도 하고.

이렇듯 아주 작은 습관인 걷기가 위대한 힘을 발휘한다는 것이

정말이지 경이롭고 신기하기만 하다.

아주 사소하게 느껴졌던 걷기가 내 삶의 가운데에 떡하니 자리를
차지할 거라고 전혀 생각하지 못했다.

우울감, 열등감, 좌절감, 분노, 화, 시기와 질투 등등
내 마음속 곳곳에 침투하여 나를 침몰시킬 수도 있었을
삶의 위기 상황에서 걷기가 최고의 아군이자 우군이 되어
강력한 항체이자 백신이 되어 주다니 얼마나 다행스럽고 고마운지 모른다.

그래서 다시 설레는 마음으로 다짐한다.
살아있는 한 걸으리라.

걸어서 행복해져라.
걸어서 건강해져라.
_찰스 디킨스

걷는 것이 생존이요, 걷는 자가 생존할 수 있다.
걷는 것이 즐거움이요, 걷는 자가 행복할 수 있다.
결국 걷자생존, 걷자행복이다.

_ 행복디자이너 김재은

우리는 왜 걷는가

걷자생존 걷자행복

초판 1쇄 발행 | 2023년 5월 25일

지은이	김재은 외
펴낸이	안호헌
에디터	윌리스
펴낸곳	도서출판 흔들의자
출판등록	2011. 10. 14(제311-2011-52호)
주소	서울특별시 서초구 동산로14길 46-14. 202호
전화	(02)387-2175
팩스	(02)387-2176
이메일	rcpbooks@daum.net(원고 투고)
블로그	http://blog.naver.com/rcpbooks

ISBN 979-11-86787-54-0 03980
ⓒ김재은